哲学は
化学を挑発する

化学哲学入門

落合洋文 著

化学同人

本書を二人の恩人
Rom Harré と Augustin Berque に捧ぐ

A provocative introduction to the philosophy of chemistry

by

Hirofumi Ochiai

はじめに

　本書は 2018 年 1 月から 2019 年 12 月まで，月刊『化学』に「化学者のための哲学——哲学は化学を挑発する」と題して掲載された連載をもとに，これに大幅な加筆と修正を加えてまとめたものである．内容を整理したために章立てや章のタイトルを変更したところも少なくないが，哲学的な観点から化学を見直してみようという意図は変わっていない．また連載のときと同じように，(1) 化学哲学は何を問題にするのか，(2) 化学哲学はどのような示唆や発見を化学にもたらすか，(3) それによってどのような問題が解決されるか，また (4) 化学は既存の科学哲学にどのような貢献や変更をもたらすか，等々の疑問に具体的に答えることを意図している．

　さて，本論に入る前に，ここで簡単に化学哲学とは何かを考えてみたい．化学哲学というからには哲学なのだろうが，化学の哲学というのだから化学が話題になるはずで，そうだとするとそれは普通の，たとえば理論化学の議論とどこが違うのか．

　アメリカの哲学者ウィルフリド・セラーズによれば，哲学の目的は個別専門的な知識を極めることではなくて，熟慮と内省によって，物事や概念のあいだの関係を理解することだという[1]．これは哲学には全体を俯瞰する視点が必要ということを意味する．知ることそのものが哲学の目的といえるかもしれない．またこれはいい換えれば，哲学の眼で見れば何一つとして自明なものはなく，そもそも「哲学的に考えるとはどういうことか」ということ自体が熟慮を要する問題でもあるだろう．

　これと比べて化学はどうかといえば，たとえば「いかに効率よく標的化合物を合成するか」のような個別的，具体的な問題に興味がある．だから，ケミストの日常は実験装置を組んだり生成物を精製したり，各種の分析装置を駆使して単離同定を行ったりといった仕事で埋め尽くされており，研究の目的や意味について深く考えるのは研究計画を立てるときと成果をまとめると

きくらいである．いい換えれば，これは化学が半ば自動化された知識生産の
プロセスとしてうまく機能しているということにほかならない．

このようなわけだから，有機化学の研究室で，たとえば化学結合や分子構
造が「熟慮と内省」をもって議論されることは滅多にない．それらはいわば
所与の事実であって，疑いの目を向ける対象とは見られないのだ．しかし量
子力学を学ぶとこれらが自明でも客観的事実でもないことに気づく．有機化
学から少し視点をずらしただけで，見える景色が一変してしまう．こういう
経験は人を不安にするし，熟慮と内省へと向かわせるに違いない．そんな経
験をしたら，誰でも（有機）化学を俯瞰するような視点から（有機）化学を
見直そうと考えるのではないだろうか．哲学的な興味が芽生えるのはこうい
うときである．しかし哲学的な興味や視点をもてば，またそういう動機に促
されて熟慮と内省を行えば，それで哲学をしたことになるのだろうか．

セラーズは歴史家の例をあげて次のようにいう．「歴史家は歴史的な出来
事について考えをめぐらせるだけでなく，歴史的に考えるとはどういうこと
かも考える」．しかし歴史家の興味は具体的な歴史の問題にあるから，たま
たま何かの必要があって「歴史的に考えるとはどういうことか」と自問した
としても，せいぜい哲学的な歴史家であるにすぎない．

化学の場合，理論も概念も個別的で具体的な経験と切り離せないことが多
いので，ケミストでなければそれらについて語ることは難しいのが普通だ．
しかしそうすると，たとえ熟慮と内省をもって深く思考したとしても，ある
個別的な問題について哲学的に考えているだけで，それで哲学をしたとはい
えないのではないか．つまり哲学的な化学者の域をでないのではないか，と
いう疑問が生じる．

化学から出発しても哲学から出発しても，化学哲学への道程は遠そうであ
る．実際，物理学や生物学を主な守備範囲とする科学哲学者は少なくないが，
経験がものをいう化学を研究対象にしている哲学者は世界的に見てもまだ少
ない．化学哲学は実現可能な目標なのだろうか．

この問いに答えるには具体例をもって臨むのがよいと思う．本書の議論が
化学哲学としてどれくらい成功しているか，セラーズの言葉を一つの物差し
にして読者のみなさんに確かめていただきたい．本書は一人の「哲学的な化
学者」が化学の興味や問題意識から出発して，哲学的な観点を加えて問題を
吟味したものであるから，個別の専門的な知識に立脚しない正真正銘の哲学

者から見れば議論が尽くされていない点があるかもしれないし，また私は実験のかわりに哲学を研究ツールとして利用する立場なので，そういう点でも異端の試みかもしれない．それがうまくいくかどうかという点に関しては，分子構造を検討した拙著 "A Philosophical Essay on Molecular Structure"（Cambridge Scholars Publishing, 2021）やそこで引用されている論文を参照いただければ幸いである．

　なお異端という言葉がでたついでに，本書の文体についてもひとこと述べておきたい．「哲学は化学を挑発する」と銘打ったからには，あらゆる点でそうありたいと考えた．本書は当初「です・ます」体で執筆した．そのほうが親しみやすいと考えたからである．しかし学術書にふさわしくないという理由で編集部から再考を求められた．たしかにそういわれると，二人称の語りである「です・ます」体は俯瞰的な視点を必要とする哲学の読み物にはふさわしくないので，すべて「である」体に改めた．

　では各部・章の見出しに添えたゆるい挿絵はどうなのか．この意外性は許容できるか．私は，本書はかなり重い読み物だと思う．とくに若い読者にはそう感じられるのではないか．一つひとつの話題に質量がありすぎるのだ．私が何十年も考えてきた問題を話題にしているのだから，当然そうなる．しかし，質量は変えられないとしても重力の効果を緩和することは可能ではないか．各章の挿絵や私の脱線が奏功することを願うばかりである．

　ちなみに本書の執筆期間を通してつねに私の頭にあった本書のモデルは，ガリレオの『天文対話』であり『新科学対話』である．ラテン語で書くのが当たり前だった時代にあえてイタリア語で書くことで，ガリレオは自身の革新的な思想（地動説への支持の表明）を進歩的な読者のあいだに浸透させようとしたといわれる．これほど挑発的な試みがあるだろうか．

　読者のみなさんの忌憚のないご意見をお聞かせいただきたい．

2023 年 7 月

落合　洋文

もくじ

第Ⅰ部

化学の哲学を発掘する

それでは
はじめます

化学の研究対象は，目に見える五感の世界と見ることも触ることもできない分子の世界にまたがる．そのため，元素や化学結合などの仮説的な概念を数多く含み，それらの解釈を中心として，哲学的な検討の余地が大きい．

第 1 章

根っから
哲学的な化学

はじめまして
オチアイです

ケミストのイメージ

　誰でも自分がまわりからどう見られているか，気になるものである．私は
もう 30 年以上も化学をやっているので，世間から見れば「化学の先生」と
いうことになるだろう．

　いつだったか，講演会の講師を頼まれて遠方まで出向いたときのこと．約
束の時間より早く着いてしまい，講師控え室という張り紙のある部屋の前で
待つことになった．廊下を行き来する人を眺めながら待っていると，部屋か
ら恰幅のいい紳士がでてきて，腕時計を見ながら，「そろそろ着くはずだが
なあ…」とつぶやいていた．「あ，この人が主催者の○○さんか？」と思い，
私はその紳士のほうへ歩み寄ろうとした．しかし，恥ずかしながら，私は人
見知りなところがあり，気持ちほどには身体が動かず，一人でモジモジして
いるうちに，紳士はまた控え室に姿を消してしまった．仕方がないので勇気
を振り絞ってノックしてみた．

　「オチアイですが…」

　「あ，オチアイ先生ですか．いやあどうも，これは失礼しました．ハハ．
ちょっとイメージと違って…，ハハハ」

　いったいケミストというのは，世間からどう見られているのだろうか？
まるでマッドサイエンティストみたいなイメージなのか？　でも，よくよく
考えてみれば，これは案外，当たっているかもしれない．白衣に身を包み，
怪しげな泡立つ液体の入った試験管を握りしめたロマンチスト，といったと
ころだろうか．何日も実験室にこもりきりなので，髪の毛はボサボサ，目は

血走っている．しかし，それもこれも見えない分子を手なずけて，意のままに操りたいから．この宇宙が弾けて以来どこにも存在しなかった物質を，この手で誕生させたいから．まわりの人には理解しづらい元素記号の組み合わせも，ケミストの目には原子の結合からなる壮麗な構造物の設計図と映る．物質の成り立ちと物質変換の謎に挑みつづけた先人たちの知恵があればこそ，それは分子の世界に生起する驚嘆すべき出来事を書きとめる文字となったのである．化学を学んだ私たちは，化学の記号体系や量論体系が並々ならぬ努力の賜物であることを知っている．そして，その恩恵を享受している．しかし外の世界から見れば，どう見えるだろうか．怪しげな図像を操る中世の錬金術師と現代のケミストのあいだに直接的な繋がりはないが，壁に貼った複雑な構造式に見とれていたら，やはり怪しい人と思われるのではないか．

ほかの自然科学とは違う化学の特徴

　すべての個別科学*には，ほかの個別科学にはない特徴がそれぞれある．生物学は生き物を扱い，天文学は宇宙の成り立ちや天体について研究する．では化学をほかの科学と分かつ特徴とは，いったいどのようなものだろうか．19世紀のフランスの化学者ベルテローは，「化学は対象を創造する」と述べた[1]．これは有名な言葉で，ノーベル化学賞の受賞講演などでも引用されることがあるという．ベルテローの時代は化学合成の技術がまだ確立していなかったから，新規物質が次から次へ生みだされていたわけではない．そのため，この言葉から今日の合成化学を連想するのは，やや短絡的だろう．ベルテローはこの言葉にもう少し哲学的なメッセージを託したのではないかと思う．

　化学も自然科学*の一つだが，ほかの自然科学と違うところは，研究対象をただ外から眺めているだけではなく，人工的に合成して天然由来の化合物と比べたり，その性質を詳しく調べたりできることだろう．ケミストは，天然物の全合成を成し遂げてはじめてそれを理解できたと考える．なぜなら，人工的に合成するといっても自然法則に背くわけではなく，むしろそれは神の創造の御業を追体験し，その謎を解くことにつながるからだ．そういう意

上付の*は，巻末の用語解説に掲載されていることを示す．

a) $HO(C_2H_3)C_2O_3$

b)

図 1.1 酢酸分子の表記

a) 根の理論による構造式．HO，C_2H_3，C_2O_3 の三つの根が集まって酢酸分子が生じると考える．当時 C の原子量は 6 とされていて，CH_3 が C_2H_3 になっている．b) ケクレの構造式．根を組み合わせただけの a) よりも，原子と原子の結合関係（分子構造）を明確にとらえている．C. A. Russell, "The History of Valency," Humanities Press, New York (1971) より引用し，一部改変．

味で，化学はほかのどの科学よりも深く自然を理解する．ベルテローはそういいたかったのではないだろうか．

　もう一つの可能な解釈は，「化学こそが真に仮説演繹*型の研究なのだ」という主張として理解することである．仮説演繹法はニュートンがプリズムの実験で用いて以来，科学の方法として定着したが，19 世紀になるとコルベやフランクランドらが当時「根」とよばれていた化学種の研究で用いるようになる（図 1.1）．理論的に存在が予想される化学種を実際に合成して理論の正しさを証明しようとしたのである．彼らの試みは成功せず，結果的に根の存在は否定されたが，彼らの研究は仮説演繹法の手段として化学合成が有効であることを認識させるきっかけになった．

　化学合成が仮説検証の決め手になることを示す事例は，枚挙に暇がない．ファント・ホッフが炭素原子の正四面体説を思いつくことができたのも，乳酸の異性体に関するヴィスリツェーヌスらの先行研究があったからである．ヴィスリツェーヌスはさまざまなヒドロキシプロピオン酸を化学合成し，それらが示す光学的性質を比較することで分子構造を推測しようとした．しかし，当時は分子が三次元的な構造をもつという認識すら曖昧であったため，ヴィスリツェーヌス自身は立体異性という考えには到達できなかった．立体化学，つまり分子の三次元構造に関する化学の扉を開いたのがファント・ホッフであった（もちろんパスツールやル・ベルらの貢献も忘れることはできないが…）．ファント・ホッフの慧眼は，炭素の原子価が方向性をもつと考えたことであった．もしもメタンが正方形の分子で，その中心に炭素原子が，四隅に水素原子が位置したら，二つの水素原子をほかの原子（たとえば塩素原子）で置換したとき，どういうことが起こるだろうか．隣り合う二つ

の水素原子を置換したものと，対角線上の水素原子を置換したものとは異なる分子を与えるはずである．実際にはそのような異性体は存在しない．このことから，メタンが正方形の分子ではないことがわかる[2]．

　化学合成という手段をもつことが化学をほかの自然科学から区別する大きな特徴であることは明らかだろう．仮説検証の場面でこのような手段が力を発揮するのは，そもそも化学が目に見えない分子を扱うからである．目で見て確認できることばかりだったらわざわざ仮説を立てる必要もないし，化学合成を行って仮説を検証する必要もない．

　ケミストは，一方では目に見える物質を相手に奮闘する．撹拌したり加熱したり，反応混合物から目指す化合物だけを取りだしたり，といった具合である．他方，たとえばグリニャール試薬のなかへアルデヒドを滴下していくとき，ケミストの目に映るのはアルデヒドのカルボニル炭素を攻撃する求核試薬の姿である．「目に見える世界と不可視の世界」，「感覚経験の世界と仮説的な世界」という二重構造は，分子科学とも称される化学にとって，問題にもならないくらい当たり前である．だが，化学も経験科学の一分野なので，本来は「我，仮説をつくらず」だったはずである．事実，19 世紀の半ばをすぎても大多数のケミストは原子説に冷ややかであったし，原子量よりも当量のほうが信頼されていた．コルベに至っては，ファント・ホッフのことを「ペガサスにまたがった空想家」と揶揄したくらいである（ファント・ホッフは当時，獣医学校で教鞭を執っていた）．

　今日，ケミストは分子をあたかも見てきたように語る．まさにこの，見てきたように分子の世界を語れることがケミストの真骨頂なのだが，それは感覚的に知りうる経験の世界と感覚を越えた世界を混同することになりはしないだろうか．確固たる経験の土台の上に置くべき知識を，不確かな想像と見分けのつかないものにしてしまわないだろうか．

　もう何年も前のことだが，酸化銅の結晶を使って d オービタルの撮影に成功したという報告が *Nature* 誌の表紙を飾ったことがあった[3]．量子論を裏づける画期的な実験，といいたげであったが，教科書をもう一度じっくり読み返してみれば気づくはずである．どんな先端技術を駆使しても，オービタルが撮影できるはずはないと．なぜなら，それは波動関数だから．関数は撮影できない．これについては，第 10 章で詳しく解説したい．

目に見える現象の背後にある分子の存在

　私たちは五感の世界に身を置く存在である．厳しい見方をすれば，五感の刺激によって知ることができる事柄だけが確かな知識となる．それ以外は，どれほどもっともらしく見えても想像と論理の上に築かれた知識である．私たちは五感の世界で実験を行い，五感の世界を表す言葉で実験結果を記録する．確かめるべき事柄が五感の範囲を越えるときは，得られた結果をこちら側の世界の言葉に翻訳する．そして実験の実施から結果の解釈まで科学的と認められる場合に限って，その結果を事実として受け入れる．

　しかし，「正しい手続きを踏む」ことと「理解が正しい」ということは別問題である．実験は正しい手順と方法で行われたとしても，そもそも研究の目的が間違っていたり，結果の解釈を誤ったりすることがある．先述の例もその一つで，実験方法だけ見ればどこもおかしくない．最先端の分析技術を駆使したすばらしい研究のように見える．だからこそ注意が必要なのである，目に見えない世界を扱うときは．

　話をまとめよう．化学は目に見える現象の背後に分子の存在を見る．そのため，化学は基本的に，仮説と実験と解釈によって成り立っている．仮説演繹法は化学の推論に不可欠であり，その手段として化学合成が重要である．私たちが直に知ることができるのは五感の及ぶ範囲に限られるから，分子の世界に関する知識はいつも仮説や解釈を含む．化学といえば実験という印象があるが，化学がいかにして分子の世界を開拓してきたかを見れば，化学が事実の解釈によって成り立つ学問だということに気づく（セレンディピティが化学の進歩に貢献することは否定しないが，何も考えずに手を動かしていれば大発見ができると考えるのは愚かである．幸運は準備のできた頭脳を好む）．

　実験で得られた事実をどう理解するか．それはどのような仮説を立てるかということと密接な関係がある．仮説は，既知の事実や疑問の余地がないとされる前提の上に置かれる．しかし，知識は絶えず更新され，いまは疑う余地がないと思われていることでも，時が経てば変わり得る．だから，事実の解釈も常に変更の余地があると考えなくてはならない．特定の価値判断に縛られない，そういう意味で客観的な事実でも，事実は与えられるというより，つくられるものなのである．

　「普遍的な真理」という考えは幻想にすぎない．不可視の世界を理解しようと努める限り，化学はいつの時代も，意味をめぐる終わりのない議論の途上にある．いい換えれば，つねに哲学的な吟味を迫られている．「化学は古い学問で，ほとんどの問題はすでに解決されており，残されているのは応用分野だけだ」という声を聞くが，化学の歴史を見れば，それが表面的な見方にすぎないことがわかる．平穏に見える水面のすぐ下には，意味が確定しない事実や見直しが必要な概念が渦巻いている．事実の理解が間違っていたり概念が曖昧だったりすることもある．最前線の研究だけでなく，高校の教科書にでてくるような基本的な事柄にもそのような例が見られる．

　物理学などと比較すると，化学は論理的一貫性を欠く，雑多な知識の寄せ集めのような印象を与えがちだ．「覚えることが多くて，ややこしい」，化学があまり好きではない高校生に聞くと，こういう答えが返ってくる．そして，その感覚はあながち的外れではない．そのような印象を与える原因は，化学の長い歴史と関係がある．化学の教科書には歴史的な起源も哲学的な背景も異なる概念や用語が肩を寄せ合って載っている．元素と原子はその最たるものであろう．元素は物質をつくっている基本物質で，原子は物質の最小単位であるとか，元素は原子の種類を表すとか，どの定義も間違いとはいえないが，これらの概念がたどった長く込み入った歴史を知らなければ，本当の意味はわからない．

必須の化学概念である元素と原子

　古代ギリシアの哲学者アリストテレスは，物質が火と水と土と空気の四元素からなると考え，さらに熱，冷，湿，乾の四つの性質と組み合わせて，物質のあらゆる性質を表現した（図1.2 a）．同様の考えは中国にもあり，木と火と土と金と水の五つが基本である．これを五行とよび，たとえば風，熱，湿，乾，寒などの性質や，東，南，中，西，北などの方位がこれに対応する．この五分類をさらに陰と陽で二つに分けると陰陽五行になる．こういう考えは古代ギリシアや中国だけでなく，世界中にあった．古代人は物質の成り立ちや性質を，火や水や土や空気などの，より根源的なもの（つまり元素）の性質と結びつけて理解しようとしたのである．そういう意味で，元素という考えは化学と相性がよい．化学物質は元素でできているのである．

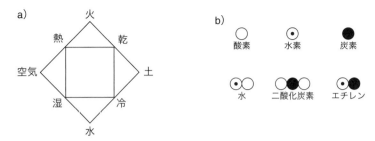

図 1.2　a）アリストテレスの四元素と b）ドルトンの元素記号
古代の原子論や元素説を象徴するものとしてアリストテレスの四元素が有名だが，それら
は形而上学的なものである．それに対してドルトンの元素記号は，考え方において現代の
ものと同じである．M. P. Crosland, "Historical Studies in the Language of Chemistry,"
Dover Publications, New York（1978）より引用し，一部改変.

　一方の原子は，「あらゆる物質の素材となる，ただ 1 種類の，究極的な微
粒子」であった．ニュートンやボイルの時代まで，原子（あるいは粒子）は
1 種類だけと考えられていたため，多様な物質の個別的な性質を説明するに
は不向きであった．形而上学＊的で，それ自体では性質をもたない原子は，
長らく実験室に居場所を見つけることができなかった．
　この状況を一変させたのがドルトンである．ドルトンは「元素の数だけ原
子の種類があり，原子は元素ごとに質量が異なる」と考えた．こうすれば化
学量論に関する実験データから原子の相対質量を求めることができる．ドル
トンのおかげで，ケミストは原子を化学天秤の上に乗せることができたので
ある（図 1.2 b）.
　こうして元素と原子は必須の化学概念になったが，もともと出自が違うた
め，一緒にして語ることには無理がある．詳しくは後の章に譲るが，「物質
は元素でできているのか？　それとも原子でできているのか？」という問題
もその一つ．原子が結合して分子を形成するのだから，物質は原子からでき
ているといいたいところだが，原子がそのまま残っていたら分子ではないだ
ろう．それに，原子は単なる素材なので，「化学的な性質をもった分子が原
子からできる」という考えは受け入れがたい．分子の組成を調べるときに行
うのも元素分析である．屁理屈のように聞こえるかもしれないが，これだか
ら化学はややこしい，論理的一貫性がないと映るのであろう.
　しかし化学を愛する読者のみなさんなら，まさにこういうスッキリしない

ところも込みで，化学に奥深い魅力を感じてもらえるだろう．その奥深さは，化学に慣れ親しんだ人なら誰でも知っているありふれた事実や知識のなかにも見られる．それを一つずつ掘り起こし，ていねいに吟味すれば，化学は一層輝きを増すだろう．またそのような試みは，ほかの自然科学では得られない哲学的な洞察を与えてくれるだろう．

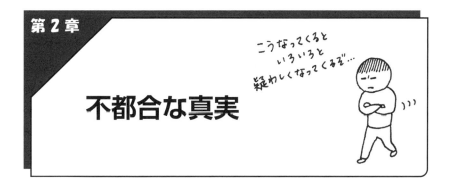

理解を助けるモデルが混乱を生む

　大学に入って最初に受けた化学の授業で，「ボーアモデル*は正しくない！」と告げられたときのことを思いだしてほしい．あの時あなたが感じた驚き，動揺，そして怒りにも似た苛立ちを．正しくないとわかっていたら，なぜもっと早く教えてくれなかったのか．せっかく勉強したのに，すべては徒労だったのか（その一方であなたは思ったはずだ．悪い予感が的中した，と．負電荷をもつ電子が正電荷をもつ原子核のまわりをいつまでも回りつづける，こんな不合理な話が許されるはずがない．量子化とかなんとかいってはいるが，都合がよすぎる．雷太鼓にも似たボーアモデルを見るたびに，あなたはいつも落ち着かない気持ちになった．やはりそうだったのだ！）

　動揺を隠しきれない学生たちを前にした教師のエクスキューズは，「ボーアモデルはわかりやすい．量子力学を知らなくても理解できるし，だから高校ではボーアモデルを勉強してもらったわけ．まずはざっくり説明して，詳しくは大学へ入ってからのお楽しみ．そのほうが楽なのだよ，お互いに」

　教育的配慮？　嘘も方便？　どちらでもいい．しかしこれだけははっきりいっておこう．同じことは大学でも起こる，と．大学をでてからも，繰り返し，何度でも起こる！　大学の教科書に載っている（つまり世間で広く認められた，いわゆる正統派の）知識も，化学史や化学哲学のフィルターを通して見れば，大半がボーアモデルと同様の「過去をもつ」話だということがわかる．

　大学生なら誰でも知っているように，ボーアモデルは過去のものだ．電子

がぐるぐる回りつづける軌道（orbit）は存在しない．実在するのはオービタル（orbit-al，つまり orbit のようなもの）だ……ろうか？（なおボーアモデルは，原子核を中心とする軌道上に電子が分布するという主張で，太陽系の惑星が太陽のまわりを周回するように，電子が原子核のまわりを軌道に沿って周回すると主張しているわけではない．念のため）

　オービタルを使えば，たとえば炭素原子の電子配置は $(1s)^2(2s)^2(2p)^2$ と表される．そう教科書に書いてある．でもその同じ教科書に，電子はフェルミ粒子*だから一つひとつを区別することはできない，とも書いてあって，少し注意深い読者ならここで完全に混乱もしくは思考停止に陥る．区別できない電子を，この電子は 1s，こっちは 2p みたいにできるのか？

　先生はおっしゃる．そう考えてもいまはとくに支障はない，と（いま，というのは要するに，この話がでてくる文脈ということか）．そもそもオービタルを正確に計算で求められるのは水素原子だけだから，多電子系の電子配置はどれも近似にすぎない．

　わかった．でもだとしたら，これは orbit と orbital の折衷案だとはっきり書いてほしかった．つまり，これも一つの嘘なのだと．

　よく読めばちゃんと書いてある，だって？　たしかにそうかもしれない．でも，こういうきわどい話はこれだけではないのでは？　まるで地雷原だ．危なくって，まともに歩けやしない．しつこいようだが，水素原子のオービタルは正確に求められるというけれど，そこに二つ以上の電子が入ったら互いに影響を及ぼしあって 1s も 2s もなくなってしまう．それを教科書から読み取れというのは無理だ，少なくとも初心者には．

　それはそうだが，そんなことはもっと上の学年になって，量子化学をちゃんと学べばすぐにわかる話だ．突っ込みを入れるところではない！

　そうだろうか．現実はといえば，ちゃんと学べないからこうなるのだ．

「オービタルの撮影に成功！」

Nature 誌の派手な見だしが目に焼きついて，世紀が変わったいまでも忘れることができない[1]．昨日までネコを撮っていたカメラマンが撮影したということなら，笑って済まされよう．しかし，これは紛れもないプロの仕事なのだ．放っておけるわけがない．

化学は一筋縄ではいかない

　どうしてこういうことがあっちでもこっちでも，繰り返されるのか．教科書を見てみよう．何か手がかりが見つかるかもしれない．たとえば「混成軌道」はどうか．二つの水素原子は結合して水素分子を与えるが，近づきすぎると核間反発が大きくなる．つまり二つの 1s オービタルから生じる結合の重なりはそれほど大きくなれない．一方，炭素原子と四つの水素原子からメタン分子が生じるときは，炭素原子の 2s オービタルと三つの 2p オービタルが水素原子の 1s オービタルと結合をつくる．このうち 2p オービタルのローブは原子核から大きく張りだしているから，水素原子の 1s オービタルと大きな重なりを生じる．ただし 2p オービタルは核を挟んで±両方向に広がっているから，水素原子との結合に使われるのは，プラスかマイナスか，どちらか一方しかない．重なりを最大化するという点で，これでは効率が悪い．ポーリングによれば，この場合，まず炭素原子の 2s オービタルと三つの 2p オービタルからより方向性の強い sp^3 混成軌道がつくられ，次にこれら四つの等価な混成軌道と水素原子の 1s オービタルが重なって正四面体型のメタン分子が生じる．

　なるほど．でもこれを読んだら，たいていの読者が混成軌道は自然現象の一部だと思うのではないか．つまり，それは宇宙の開闢以来ずっとどこかに存在していて，誰かに（この文脈ならポーリングだろう）発見されるのを待っていると．辞典にも同じような記述がある．すなわち，「同じ原子にある2個以上の原子オービタルが互いに混合して，もとと異なる空間分布をもつとき，この原子オービタルは混成しているという」[2]．この記述も，初学者が読んだら混成が自然現象であるかのような印象を与えかねない．真実はといえば，混成はケミストに馴染みのある分子の形を再現し，結合の等価性を説明するために考えられた概念なのだ．その本質は原子価結合法にある．そう思って読めば，先の辞典にもそれらしきことがちゃんと書いてある．教科書でも少し上級者向けのものを見れば，もちろんちゃんと書いてある[3]．

　しかしこんな本を読む人が世のなかにどれくらいいるだろう．いい本というのはそれなりに骨があるし，化学系の人は忙しい．とくに実験系は．しかしそこが問題なのだ．実験で忙しいケミストが自分の貴重な研究成果を発表する段になって，DFT*だのガウシアン*だのとカッコよく決めるのはいい

が，その一方で，励起状態の関与が疑われるような話に平然と混成軌道を持ちだしたりする．

　なんでもかんでも教科書のせいにするつもりはない．よく読めばいいことが書いてあり，必要なことは細大漏らさずちゃんと書いてある……ホントに？

　混成なんていう前に，そもそも化学結合とは何かという問題があるわけだが，これなど化学の教科書にまともに取り上げられたためしがない．よくある展開は，放逐されたはずのボーアモデルが再登場，これを使ってまず塩化ナトリウムみたいな典型的なイオン結合の説明をしたあとで，14（Ⅳb）族や 15（Ⅴb）族元素がイオン結合をつくろうとすると大きな電荷ができてまずい，だからこういうときは電子を共有すると考えよう，みたいに半ばなし崩し的に共有結合の説明に移行するというもの．話の進め方が秀逸だと感心している場合ではない．ここに見られる説明の論理は，化学結合とは何かという本質的な問題を静電引力か電子共有かという二者択一の選択問題にすり替えて，面倒な話を回避しようというものだ〔高校の教科書でも，歴史的な評価の定まったクラム・ハモンドみたいな立派な有機化学の教科書でも，この点は同じ．もちろんクラム・ハモンドはすばらしい．こう見えても私はCram・Hammond・Hendrickson に育てられたような人間で，書いてあることを片端から詰め込んだ（crammed）ので文字通りクラムになったと自認しているくらいなのだ〕．

　たしかに化学結合のなんたるかを論じようと思ったら，化学史から量子化学まで縦横に語り尽くす覚悟が必要だ．要するにそれは化学哲学そのものだ．その覚悟もないのにうっかり足を踏み入れたら，収拾がつかなくなって逃げだすしかなくなってしまう．クラム・ハモンドがそんな危険を冒すわけがない．

　教科書は最短距離で読者を目的地に導くもの．世に広く認められ，受け入れられている事実を学ばせるものだ．化学の主戦場は博物館ではないので，過去にどんな停滞や試行錯誤があったにせよ，いま何が正しいとされているか，何が実用に供する価値があるかを最優先に考えなければいけない．というもっともな理由で教科書のハウツー化が進行する．

化学は突っ込みがいのある学問

　教科書を読めばモルがわかる．辛抱強く学べば，ややこしい熱力学の計算もできるようになる．でもなぜ当量ではなくモルなのか．なぜあれほど苦労して熱力学を学んだのに，また熱力学を理解せずには化学反応の理解はありえないと教わったのに，なぜ有機化学の教科書には熱力学が少なくとも表面的にはほとんどでてこないのか．こんなことは誰も気にとめないかもしれないが，まさにそこに化学の本質を知るチャンスがあるような気がしなくもない．

　悩ましい話だ．結果は重要だが，きれいに仕上がった結果だけを見せられても，なかなかガッテンしにくい．これは化学が目に見えない原子や分子を扱うことと関係がある．目に見える物は，たとえばブロッコリーみたいな髪型とか，ペンギンのような立ち姿とかいえば直感的にわかる．しかるに原子や分子は直感ではとらえられない．見ることも触ることもできないから，概念として理解するしかない．ケミストはまるで見てきたようなことをいうなどと皮肉られることもあるが，もちろんケミストといえども原子や分子が見えるわけではない．だから，原子や分子についていうことも化学の進歩とともに変わっていく．そういった変化の歴史こそがいまの化学をつくる血とも肉ともなったのだ．教科書に太字で書かれた事実は，いわば海面から突きでた氷山の一角．それを支える膨大な事実の集積は水面下に沈んでいて，上からちょっと覗いたくらいでは見えない．

　教科書は最短距離で読者を目的地に導くハイウェイである．いやタイムマシンか．高校の教科書を見てみよう．あれは化学の遺跡，フォロ・ロマーノだ．幾重にも重なった歴史的な偉業が，現代という断面にいっぺんに顔をだしている．廃墟では一歩横にずれれば何百年もの時をまたいでしまう．化学は廃墟ではないが，教科書で一行進めばラヴォアジェからメンデレーエフまでひとっ飛びである．これで化学がわかったというのは，凱旋門とエッフェル塔を見てパリを知っているというようなもの．いや，クラム・ハモンドだけ読んで有機化学をマスターしたというようなものではないか．

　分厚い教科書に書かれていることや，大学にせよ高校にせよ，先生が教室という公の場で話すことは10月の青空のように透明で，疑う余地などどこにもないと思われている．真実はといえば，すでにこれまでの話から推測で

きるように，またあとの章で白日のもとにさらされるように，疑いだしたらきりがないというくらい疑いの余地だらけという有り様なのだ．歴史や文化の文脈から切り離され，単純化と抽象化の加工を幾重にも施された事実は，ごちゃごちゃした舞台裏を隠すには都合がいいが，それだけ読んでも本当のことはわからない．もし読者が「疑う」という言葉に抵抗を感じるなら，「突っ込みを入れる余地がある」といってもよい．しかも前述のように，突っ込みを入れると見える景色がまるで変わってくる．話が動きだして，事実に奥行きがでる．化学の息吹が身近に感じられるようになる．まさにこれが，私がこの本でやろうとしていることにほかならない．

　本書で，私はさまざまな事実の知られざる過去を掘り起こし，しつこく吟味したいと思っている．その手法は月刊『化学』ですでにお目にかけたので，ご承知の方もおられるはず[4]．今回は吟味をさらに徹底させるつもりだ．そうすることで，より鮮明に化学の土台を浮き彫りにできるはずである．挑発的というより向こう見ずな試みかもしれない．うまくいくかどうか，保証のかぎりではないが，どういう結果になるにせよ，「化学を○○倍楽しむ法」のように楽しんでいただければと思う．もしかすると，本書を読んで不安になったとか動悸がしてきたとか，そんなことが起こらないとも限らない．もしそうなったら無理をせず，そこでいったん読むのをやめて，ご自身に問うていただきたい．自分はなぜこの本を手に取ったのか，と．

　あなたは考えたはずだ．もっと深く化学を知りたい，理解したいと．だから，この本を手に取った．そして不安になった．あなたは正しい．勉強とは自己変革のプロセスにほかならないのだ．不安にならない勉強など勉強ではない（とどこかに書いてあったような．ちょっと前に大学生協でよく売れた本だ）．ボーアモデルを葬ったあなたなら，わかるはず．思いだしていただきたい．あの動揺と苛立ちのあとに何が来たか．真理の高みから世界を見下ろす快感？　それとも雲海を抜けて頂上に立った者のみが知る晴れやかな達成感か．本書を読み終えた暁には，あなたは再びあの快感を経験することになる．

第II部

化学の歴史的, 哲学的な背景

我々がいないと始まらん そうですぞ

うむ

アリストテレス

デカルト

第Ⅱ部

原子を秤にかける――分子の実在を求めて

ギリシアに端を発する原子説や元素概念は，19世紀初頭，ドルトンの化学的原子説に結実する．これは化学の近代化を推進する一方で，原子量の統一と分子構造論の確立に向かう混乱の幕を開けるものでもあった．

いい風よけだ〜

←ノートパソコン

第3章

その昔，科学と哲学は一つだった

科学は歴史・文化の影響を強く受ける

　自然科学の研究といえども，歴史や社会と無関係ではない．研究の動機や方向性が特定の歴史・文化的な文脈から影響を受ける例は少なくなく，むしろそうでない例を探すほうが難しいくらいである．化学は19世紀のヨーロッパで爆発的な進歩を遂げ，その延長上にいまがあるが，ある日突然，ビッグバンのように近代化学が誕生したわけではもちろんない．むしろ19世紀までに発展の準備が整ったと見るべきで，そうだとすれば，化学の歴史を理解するにはまず，それまでに何があったかを知らなくてはならない．とはいえ，限られた紙面で，また忙しい読者に冗長な議論は無用と思うので，ここでは化学の歴史から見てとくに重要と思われる少数の出来事や人物に光を当て，西洋哲学と科学の大きな流れを理解していただこうと思う．

　日本では科学は理系，哲学は文系の仕事とされているが，これは恣意的な取り決めにすぎない．実際，哲学の歴史を見ると，文理未分化の状態が長く続いたことがわかる．こんにち主に自然科学の研究者を科学者（scientist）とよぶが，この科学者という言葉の歴史は比較的浅く，1834年にウィリアム・ヒューエルというケンブリッジ大学の先生が使ったのが最初とされている．これは自然科学の研究がその頃までに専門職として社会的に認知されたということで，職業科学者の先駆けとしてはファラデーや，ファラデーの先生のデイヴィーが代表格である．デイヴィーはアルカリ溶融塩の電気分解によりナトリウムやカリウムなど，数多くの元素を発見したことで知られる．デイヴィーより前の時代には，こういう人たちは「自然哲学者」とよばれて

表3.1　西洋哲学と化学のおおよその流れ

前4世紀	アリストテレス　自然学・論理学
5世紀	プトレマイオス　天動説
16世紀	コペルニクス　地動説 パラケルスス　錬金術 ガリレオ　物体の運動／F.ベーコン　実験 デカルト　機械論，解析幾何学 ボイル　真空の実験
17世紀	ニュートン　万有引力，光学／ロック　経験論 リンネ　系統分類／ヒューム　懐疑論
18世紀	ラヴォアジエ　燃焼と酸化／カント　観念論
19世紀	ドルトン　化学的原子説

いて，ニュートンももちろんそうだった．万有引力の話がでてくる本（通称「プリンキピア」）の正式名称は『自然哲学の数学的諸原理』(1687) である．

　ニュートンが生きた17，18世紀には，何を科学的な事実と認めるかといったことさえ，まだはっきりしていなかった．イギリスでは早くもルネサンス期にフランシス・ベーコンが実験の意味（方法論的に指導され構成された経験）を説き，私たちがこんにち科学的帰納法とよぶ方法を論じたが，現実はといえば，18世紀になってもまだ根拠の曖昧な憶測や形而上学的な思弁が一流の医学雑誌に載ることも珍しくなかった．科学の方法論や認識論を確立することが，謎解きとしての科学研究と同等かそれ以上に重要な仕事だったのである[1]．デカルトからカントに至る近代の哲学は，自然科学の形而上学的な基盤を検討することによって発展したといってもよい[2]．科学が哲学を牽引したという見方もできるが，むしろ科学と哲学は一つだったと見るべきだろう．このことはもっと古い時代を見れば，はっきりする．**表3.1**の年表を見ながらお話ししよう．

西洋哲学をつくったプラトンとアリストテレス

　科学と哲学の源流は古代ギリシアにある．そのギリシアで，自然哲学の歴史という観点から見てとくに重要なのがアリストテレスである．アリストテレスはプラトンの弟子で，プラトンが設立したアカデメイアという学院の後継者と目されていたが，プラトンが亡くなるとアテネを去ってマケドニアに

赴き，アレキサンダー大王の家庭教師を務めた．ソクラテス－プラトンの師弟関係と比べると，プラトン－アリストテレスの師弟関係はやや複雑だ．ソクラテスは文字をもたず，ひたすら対話によって哲学を発展させた．そのソクラテスの対話をこんにち私たちが読めるのは，プラトンが師の言葉を書き残しておいたからである．こういうところを見ると，プラトンはソクラテスの優秀な弟子にして，よき理解者という印象を受ける．これと比べると，プラトンとアリストテレスの関係は，対照的な考え方をする二人の哲学者の緊張を孕んだ関係と映る．もう少し具体的にいうと，数学的抽象を好んだプラトンに対して，アリストテレスは自然科学寄りで，実験や観察を好んだからである．

　プラトンは，私たちが見ている現象の世界は影のようなもので，実在はイデア*の世界にあると考えた．ここでいう実在とは，真に存在するもの，本質を意味する．本質は普遍的で変化しないはずだから，変化して止まない現象の世界に実在はない．たとえば紙に描いた三角形は，どんなに正確に描いたつもりでも線が曲がっていたり途中で切れていたり．そもそも有限の幅をもつ線で描かれた三角形は厳密な意味では三角形ではない．実在の三角形はイデアの世界にしか存在しないのである（プラトンやアリストテレスが活躍した時代はアテネが絶頂期から衰退期に向かう時期と重なる．プラトンはイデアの世界に理想というか救いを求めたのではないかと考えたくもなるが，真相はわからない）．

　弟子のアリストテレスはプラトンの考え方に批判的で，個別具体的な物や現象を離れたところに本質はないと考えた．アリストテレスの物質観を定式化すれば，形相＋質料＝実体となる．形相は物の本質で，英語でいえばform である．質料は物の素材で，英語では matter である．形相と質料が一つになって物ができると考える．物が物であるかぎり形相と質料を切り離すことができないのは，ちょうど私の肉体から魂を抜き去ったら私ではないのと同じである．椅子の本質をもたない椅子は椅子ではなく，せいぜい椅子をつくるための素材でしかない．形相を質料から抽出したようなプラトンのイデアと比べると，両者の考え方の違いが際立って見える．

　本質は個物の内に宿ると考えたアリストテレスはまさに自然哲学の父とよぶのにふさわしいが，彼は自然学のほかに，形而上学，論理学，倫理学など幅広く研究し，エッセンス，カテゴリー，エネルギー，トピック，論証，帰

納法など，私たちに馴染みの深い言葉を数多く残した．

　プラトンとアリストテレスの哲学は，よい意味でも悪い意味でも，西欧社会に計り知れない影響を及ぼした．たとえば4世紀から5世紀に活躍した教父アウグスチヌスはキリスト教神学の基礎を築いた人として名高いが，彼のいう「神の国」はイデアの世界そのものである．アウグスチヌス以後，9世紀から15世紀にかけて，教会や修道院つき学校ではスコラ哲学*が盛んになる．そこではキリスト教神学とプラトン–アリストテレスの哲学が柱であった．プラトンやアリストテレスの影響はキリスト教神学にとどまるものではなく，広く深く西洋人の心に浸透していて，それに気づくことすら難しいくらいである．たとえば理想気体の概念もその一つではないかと指摘する人もいるが，これについては第12章で詳しく述べる．

デカルトの功罪と経験論の台頭

　デカルトも修道院つき学校でスコラ哲学を学んだ一人だが，反抗的な生徒だったというから，熱心にアリストテレスを学んだかどうか，ちょっと怪しい．スコラ哲学と書物の学問に見切りをつけると，デカルトは傭兵となって各地を転戦する．解析幾何学*のアイデアも野営地でひらめいたといわれる．数学の明証性を真の知識の指標と考えたデカルトは，幾何学を感覚から解放することを目指した．感覚に支配されると，ギリシア人がそうであったように，幾何学は三次元を超えることができない．これに対して図形を座標の上で代数的に扱うと，四次元へも五次元へも拡張できる．感覚（いい換えれば身体）から理性を解放すると，知識の及ぶ範囲をどこまでも拡張できるのである．デカルトは身体を機械になぞらえて感覚に対する理性の優位を強調する（そのためこの主張は機械論とよばれる）．理性と身体もしくは精神と身体を対比的にとらえるこのような考え方は，一般に心身二元論とよばれる．ここで，理性をアリストテレスの形相に，身体を質料に対応させると，これはアリストテレスの実体概念に対する挑戦と見ることもできるだろう．

　感覚的なものを徹底的に排除するデカルトの戦略は，問題解決において一つの有効な手立てを示唆している．私たちが出会うさまざまな問題は，解くべき問題の核心だけが他の諸々の要素から切り離されてあるわけではなく，むしろ入り組んだ関係のなかにある．しかしそれらの，いわゆる外部要因ま

で考慮すると，問題は手に負えないほど複雑になってしまい，理性の働きを鈍らせることにもなりかねない（原発の是非を判断するときに，最初から物理的な安全性以外の問題まで考えたら，収拾がつかなくなってしまう）．合理的な問題解決に徹すれば，核心から外れるものはとりあえず無視しても構わない，という考えも成り立つだろう（安全性に問題がなければ原発を認めるべきだ，という考えもその一つ．感覚的には受け入れ難いが，不合理ではない）．同様に考えれば，入り組んだ問題を要素に分解し，一つずつ切り離して解決するという方法論が見えてくる．これがこんにち科学的方法とよばれているものの哲学的な根拠である．このような単純化と抽象化がどれほど有効なものであるかは，科学の進歩を見れば明らかである．

　デカルトの主張は単純でわかりやすい．しかし彼の死後，ヨーロッパは博物学の時代を迎える．アジアや新大陸から珍奇な動植物がもたらされると，身体＝機械の比喩は急速に色あせていく．現実の世界はデカルトが考えるよりもはるかに複雑で，多様性に満ちていたのである．経験を見直す必要があった．ロバート・ボイルはボイルの法則で有名だが，真空の実験で明らかになったのは「空気には弾性があるという事実」であって，空気が弾性をもつという事実の原因ではない，と語っている．時計の針の動きは見ればわかるが，針を動かしている機械の仕掛けは（時計の蓋を開けなければ）見ることができない．自然界を一つの巨大な機械と見れば，（この機械の蓋を開けることはできないので）私たちにできることは，せいぜい正確な観察を行って事実を確かめることだけ，となる．ニュートンも引力が働く原因については何も語っていない[1]．

　ジョン・ロックによれば，物質は心の外に存在する．物質に固有の性質（ロックは延長，形態，運動などを第一性質とよぶ）も心の外にある．一方，味や匂いや色は，第一性質が心に働きかけて生じるので，心のなかにある（これを第二性質という）．心のなかにあるから，これらのことは自分のこととして知ることができる．心に浮かぶ観念も同じで，味や匂いのように知ることができる．このように考えると，確実な知識の範囲は観念に限られる．では観念はどこから来るか？　ロックによれば，観念は経験に由来する．人間の心は生まれたときは白紙の状態で，そこにさまざまな観念が書き込まれる．人間はそうやって経験を重ねて世界を広げていくのである．つまり経験だけが知識の拠り所になるということだ．デカルトは「我思う，故に我あ

り」だから，生得的な観念こそが知識の拠り所になるという．ロックとは正反対である．

　デカルトとロックの主張は正反対に見えるが，何が普遍的か，何が実在かという問題になると，両者の考え方には共通点も見られる．たとえば物質に対する見方がそれである．物質は基質と性質からなる．基質（substance）とは文字通り下（sub/under）にある（stand）ということである．ロックは，性質が変化してもそれ自体は変化しない，性質の担体として普遍的な物質を実在と見る．心身二元論は肉体と精神を基質と性質のようにとらえ，両者が分離できると見る．デカルトはアリストテレスの「第一の実体*」概念（primary substance）を誤解していた可能性がある[3]．

　ロックの思想はボイルの主張を裏づける．確かな知識は感覚経験から得られるとすれば，知識を広げるためにできることは正確な観察と事実の確認だけである．なぜと問うことはできるが，世界の蓋を開けない限り世界を動かしているメカニズムは見えず，見えないものについて確かなことはいえないので，これは科学では扱えないことになる．かなり厳しい基準のように見えるが，当時の自然哲学が神学上の議論や形而上学的独断によって著しく汚染されていたことを考えると，止むを得なかったのだろう．経験論を融通の利かない頑固者のようにいう人もいるが，こういう歴史的な経緯を知れば評価が少し変わるのではないだろうか．

ヒュームの懐疑とカントの解決策

　確かなものは観念だけであるとしたら，それ以外のもの，たとえば原因と結果の結びつきですら，確かとはいえなくなる．石が当たって窓ガラスが割れたというありふれた出来事も例外ではない．経験の範囲で確かめることができるのは，石が当たったという事実と，窓ガラスが割れたという事実だけである．感覚印象は二つの出来事の因果関係については何一つ教えてくれない．そもそも事物に固有の関係を確かめる手立てなど存在しないので，この二つの事実についていえることは，せいぜい時間的な前後関係だけである．にもかかわらず私たちはそれを因果関係と思い込んでいる．無意識のうちに，そういう見方に慣らされているからである．

　経験論の先に待っていたのはヒュームの絶望的な懐疑論だった．因果の結

びつきまで疑いだしたら科学はできない．ヒュームに傾倒しつつもニュートン力学の研究に熱心だった若き日のカントにとって，これは何としても克服しなければならない課題であった．カント以前の哲学者は，デカルトもロックも，立場は違うが，どちらも事物の存在を前提として，これを心がうまくとらえることで事物の観念が心に生じると考えた．ヒュームはといえば，心が事物をちゃんととらえているかどうかを確かめる手立てはないという．これに対してカントは，心の受容能力にあったものだけが認識されると考えた．話の主客を転倒させたのである．カントはこれをコペルニクス的転回*とよぶ．心に入ってくるものしか考慮しないので，ヒュームのいうような懐疑が頭をもたげる余地はない．

　カントを理解するキーワードは感性と悟性と理性である．心はまず事物を直観によって感性で受け止める．感性はこれを悟性に引き継ぎ，悟性はこれを適切な範疇に分類する．悟性はまた，この分類に従って認識対象にふさわしい概念を与え，認識が完了する．理性は悟性に働きかけ，概念の運用をコントロールする．感性と悟性はどちらか一方が欠けても，対象を正しく認識することができない．たとえば原始人が現代にタイムスリップしてきてコンピュータを見たとしよう．感性はコンピュータの存在を受け止めるが，悟性はこれに与えるべき概念をもたないので，コンピュータという認識は成立しない．逆に，神や魂は概念としてはあるが，感性に働きかけるものがないので，身のまわりにある物を見たときのような認識は成立しない．判断力が十分に働かなかったり，理性の好奇心が強すぎたりすると，感性を置き去りにして，概念が一人歩きしてしまう．こうなると，根拠のない憶測や実験に裏づけられない仮説を客観と勘違いして妄想が生じる．第10章で述べるように，オービタルを実在の軌道と勘違いするという失敗はこのようにして起こる．

　カントは理性と経験の役割を詳しく分析して，どちらも等しく重要であることを明らかにした．そういう意味で，カントはデカルトに代表される大陸の合理論*とロックに代表されるイギリスの経験論*を統合したといえる．数学的厳密さを好んだカントは，化学を「未だ厳密な学としての体裁を整えていない」と批判したが[4]，ドルトンが化学的原子説を公にするのはカントが没した翌年のことである．化学の夜明けをカントが見ることはついになかった．

第 4 章

19 世紀,近代化学が誕生する

がんばったなあ

ドルトン

原子量と分子構造が 19 世紀の化学を牽引

　化学は 19 世紀に爆発的な進歩を遂げた. それは予定されたゴールに向かって脇目も振らず一直線に突き進んだというより, 短期間にありとあらゆる問題が噴出し, 旧来の知識の矛盾や限界が露呈し, 解決策を模索する動きと激しく衝突し, 議論が沸騰し, 化学反応が連鎖的に進行したようなものだった. 世紀の前半は, 元素の発見ラッシュの一方で, 元素概念に物質的な根拠を与えるドルトンの化学的原子説*が登場し, 化学量論をめぐる大混乱を引き起こす. 原子量も分子組成も未確定で, それどころか分子という概念さえ疑問視されていた時代に, 既存の知識と整合性を保ちながら原子量と分子組成を決めるのだから, 混乱しないほうがおかしい. ドルトンが原子説を公表してから原子量が統一されるまでに約 50 年かかっているが, 分子組成や構造を決定するには信頼できる原子量が不可欠だから, こちらも同じだけの時間が必要だった.

　ここでは, 元素の基本的な性質として原子量が認知され, その値が統一される過程と, それと並行して進んだ分子構造の確立に向けた歩みに的を絞って, 19 世紀の化学の発展を見ていく (表 4.1). 原子量と分子構造の問題はコインの裏表のような関係なので, これらをまったく切り離して語ることはできないが, それぞれに固有の観点や論点もあるので, 以下では節を分けてお話しする. 年代的には 1803 年 (ドルトンが化学的原子説を発表し, ベルセリウスが化合物の組成に関する電気化学二元論を公表した年) から 1860 年のカールスルーエ国際会議 (カニッツアーロの提案によって原子量の体系

表 4.1　19 世紀の化学の歩み

1800	ボルタが電堆を発明
1803	ドルトンが『化学哲学の新体系』を出版
	ベルセリウスが電気化学二元論を提唱
1807	デイヴィーがアルカリ溶融塩の電気分解で Na と K を単離
1808	ゲー・リュサックが「気体反応の法則」を発見
1811	アヴォガドロが「アヴォガドロの仮説」を提唱
1828	ウェーラーが無機物質から尿素を合成
1830	リービッヒが有機化合物の元素分析法を開発
1837	ベルセリウスが「根の理論」を提唱
	ローランが「核の理論」を提唱
1838	デュマが「型の理論」を提唱
1845	ホフマンが 2 級および 3 級アミンを合成
1848	パスツールが酒石酸塩の光学分割に成功
1849	フランクランドが有機亜鉛化合物を発見
1850	ウィリアムソンがエーテルを合成
1852	ゲラールが対称および非対称酸無水物を合成
	フランクランドが飽和容量の概念を発表
1857	ケクレが C-C 結合概念を提唱
1858	カニッツアーロがガス状物質の蒸気密度から原子量を算出
1860	カールスルーエ国際会議でカニッツアーロの原子量体系が承認される
1865	ケクレがベンゼン環の構造を提案
1866	フランクランドが結合概念を提唱
1869	メンデレーエフが元素周期表を発表
1874	ファント・ホッフが炭素四面体説を発表
	ル・ベルがメタン型分子の四面体構造を発表

が承認された年）くらいが中心である [1]．

ドルトンの化学的原子説から原子量の統一まで

　学術論文の審査は厳正かつ公平に行われなければならない．海外で出版されている化学史や化学哲学の専門誌のなかには，査読者向けに審査項目を示し，すべての項目にチェックを入れないと審査すべき論文をダウンロードできないようなものもある．公平性の確保と自由な競争がピアレビューの前提である．ただ，こういう精神がいつでもどこでも当たり前だったわけではない．近代化学の父と謳われるラヴォアジェはフランス革命で処刑されてしまうが，ラヴォアジェを断頭台に送ったのは急進的なジャコバン派の指導者ジャン＝ポール・マラーで，マラーはかつて自分の論文がラヴォアジェに却

下されたのを逆恨みしていたという説がある．本当だとしたら怖い話だが，ラヴォアジェがマラーの論文を却下した理由が「ちゃんと実験をして確かめることもせずに形而上学的な憶測だけでものをいっている」だったというから，皮肉なめぐり合わせというほかはない．ラヴォアジェは無類の実験好きで，『化学原理』（1789）には実験器具の精密な挿絵が30ページ以上に渡って掲載されている．そういう人であったからこそ，元素とは「どのような分析を行ってもそれ以上分解できない物質である」[2]と，元素を操作的に定義*したのであろう．

　古代ギリシアの四元素説以来，元素は長いあいだ形而上学的な存在であった．これに対してラヴォアジェは，確固たる実験事実によって元素が科学的な実体であることを示そうとしたのである．ただこの定義だと，単体と元素が同じになってしまい，「物質を構成する基本的な成分で，物質が化学的に変化してもそれ自身は変化せず，失われることもない」という元素本来の意味にあわない．ラヴォアジェが下した定義に納得しない人がいたとしても不思議はない．メンデレーエフもその一人で，彼は元素と単体を概念的にはっきり区別していた．メンデレーエフはもともと，原子価など性質のよく似た化合物（元素族，同族元素の化合物）を比較分類する研究を行っていた．その成果を『化学の原理』という教科書にまとめるつもりで執筆を進めていたところ，途中で元素の根本的な性質が原子量であることに気づく．この時点で，孤立した元素族の比較から，元素族の枠を越えた，元素の性質に見られる周期的な変化（つまり周期律）へ，記述内容の大転換が起こる．いまだったら教科書の記述が途中から変わってしまうことなど考えられない（編集者が許さない）が，なんとも悠長な時代である．それはともかくとして，メンデレーエフが原子量に注目することになったのは，これが1860年代も終わり近くのことだったからである．すぐあとでお話しするように，1860年のカールスルーエ国際会議では，カニッツアーロが提案した原子量体系が承認され，化学的原子説も事実として確立された．ラヴォアジェの頃はどうだったかといえば，まだ粒子説*が支持を集めていたのである．時代状況を考慮すると，ラヴォアジェが元素の正体を具体的に想像することは難しかったと思われる．

　話を1803年に戻そう．ドルトンの化学的原子説は，ギリシア以来の形而上学的な原子を実験室で検証可能な実体に変えた点に意義がある．元素ごと

に決まった質量の原子が存在すると考えれば，反応物と生成物の質量を比較して，組成がどう変化したか，化学反応で何が起きたかを推測できるだろう．天秤を使って目に見えない世界の出来事に探りを入れることができるのである．ドルトンは触知可能な世界と微視的な世界のあいだに橋をかけたといえよう．

　ただドルトンがすべての点で正しかったわけではない．ドルトンは元素が結合するときは最も単純な比率で結合すると考えたので，たとえば水素と酸素から水ができる反応は，

$$H + O \longrightarrow HO$$

となる．反応気体の容積比は$2:1:2$だから，これを満たすためには水素原子と水分子は酸素原子の2倍の容積をもつと考えなければならない．また反応気体の質量比は$1:8:9$だから，比重は$1/2:8:9/2$になる．酸素は1容積，水素は2容積で原子量を与え，水は2容積で分子量を与える．ドルトンの単純さ最大の法則は単なる仮定にすぎないが，多くの同時代人が同様の仮定から出発して間違った結論を導いた．ベルセリウスもその一人で，功績の大きさも招いた混乱の大きさも，ドルトンに優るとも劣らない．

　ベルセリウスは金属酸化物の組成を一律にMOと仮定した．酢酸鉛も酢酸銀も同じく$M(OCOCH_3)$である（$M = Pb$ または Ag）．当時は有機酸を銀塩に誘導して定量したので，これでは有機酸の分子量が現在の値の2倍になってしまう．酢酸の分子式は$C_2H_4O_2$ではなく$C_4H_8O_4$である．後者は$C_2H_6 \cdot C_2O_3 \cdot H_2O$のように書くこともできるから，酢酸はシュウ酸（$C_2O_3 \cdot H_2O$）とアルキル根（$C_2H_6$）からなるという見解が正当化される．これが次節でお話しする「根の理論」である．

　酢酸を$C_4H_8O_4$とすると，2分子の酢酸から無水酢酸ができるとき，脱離する水はH_2OではなくH_4O_2になる．無機化学では水は現在と同じくH_2Oと考えられていたので，この結果は受け入れがたい．この矛盾を解決するためには単純さ最大の法則を有機酸に適用し，分子量を半分にする必要がある．またこうすれば，同一圧力のもとでは同温・同体積の気体は同数の分子を含むというアヴォガドロ–アンペール仮説も理解できる．このことを最初に指摘したのはゲラールだが，この提案を受け入れると何十年もかかって積み上げた有機化学の量論体系がご破算になってしまう．リービッヒのような古い

世代のケミストが反発したのも当然である．

　しかし1858年になると，イタリアのカニッツァーロはガス状の単体や化合物の蒸気密度を測定し，構成元素の原子量を割りだすことに成功する．彼の原子量体系が化学量論におけるさまざまな問題を一挙に解決することは誰の目にも明らかだった．それは同時にアヴォガドロ-アンペール仮説の妥当性を示唆するものでもあった．O_2やN_2のような二原子分子は電気化学二元論*ではまったく理解できないので，これらの存在については最後まで議論が残ったが，同種の元素が結合する可能性については，ケクレも1857年にC-C結合を提案していたので，理由はどうあれ，それが事実らしいということは多くの同時代人が認めるところとなっていた．機は熟しつつあった．そして，ついに1860年にカールスルーエで開催された世界初となる国際会議において，カニッツァーロの原子量体系が正式に承認されるのである．ちなみに，現在，*Hyle: International Journal for Philosophy of Chemistry*（オンライン・ジャーナル）と *Foundations of Chemistry* の2誌が化学史・化学哲学の専門誌として高い評価を得ているが，前者がカールスルーエ大学の全面的な支援を受けて運営されていることは興味深い．

電気化学二元論から分子構造論の確立まで

　分子構造論の歩みは原子量決定に至る道程と同じくらい，苦難と曲折に満ちたものだった．話は化学的な親和力の本質を静電引力と考えたスウェーデンの化学者ベルセリウスの電気化学二元論（1803年）までさかのぼる．この年はドルトンが化学的原子説を発表した年でもあるが，これより少し前，1800年にボルタがいわゆるボルタ電堆を発明すると，イギリスのデイヴィーはアルカリ溶融塩の電気分解を行って，次々に新元素を発見する（ナトリウムとカリウムの発見は1807年）．電気的な力の作用に注目が集まるのは時代の趨勢だった．

　ベルセリウスはすべての物質は電気的に陽性の根と陰性の根が電気的に結合して生じると考えた（日本語ではSO_4^{2-}を硫酸根，NO_3^-を硝酸根というが，直接的なつながりはない）．しかし1820年代から30年代にかけて，ロウソクのパラフィンやナフタレンが塩素化を受ける際に，電気的に陽性の水素原子が電気的に陰性の塩素原子で置換されることがわかると，イオン的な結合

だけですべてを説明するのは困難と考えられるようになる．これを見てベルセリウスは，物質は電荷をもつ根と電荷をもたない根が結合したものだと，考えを修正する（1840年頃）．同じ頃，フランスのデュマは，酢酸がトリクロロ酢酸に変わっても酸としての性質を失わないのは，化学反応で現れる型が両者で共通しているからだと考え，一元的な型の理論を提唱する．これらは分子のどの部分にスポットライトを当てるかという違いにすぎないのだが，分子構造という概念が存在しない時代には，これもまた止むを得ないことだった．

　ベルセリウスの説を支持した人には，リービッヒ，ブンゼン，コルベ，フランクランド，ウルツなど，化学史にその名をとどめた大物がたくさんいる．彼らは根を単離できればこの主張の正しさを証明することができると考え，さまざまな方法を試みた．すべての有機化合物は炭酸根の誘導体であると考えたコルベは，有機酸のアルカリ金属塩を電気分解し，盟友フランクランドはハロゲン化アルキルに亜鉛などの金属を反応させて根を捕捉しようとした．コルベ–シュミット反応*や，世界初の有機亜鉛の調製はそうした研究の副産物である．こうした歴史を知れば，ウルツカップリング*も（いろいろなものができてしまう汚い反応，ではなく）非対称根の結合生成とわかるだろう．

　型の理論を支持した人のなかには，ゲラール，ウィリアムソン，ホフマンらがいる．ウィリアムソンはエーテル合成にその名をとどめているが，彼がいろいろな種類のエーテルを合成したのは水型分子の存在を証明するためだった．ホフマンはアンモニア型の分子として，アニリンや2級および3級アミン類を合成し，染料や医薬品化学の基礎を築いた．ゲラールは水型分子の例として数多くの対称および非対称酸無水物を合成した．水が H_4O_2 ではなく H_2O だという指摘はこのときになされたものである．

　これら二大潮流のいずれにも属さず，しかもその両方から最良の部分だけを引きだしたのがケクレである．ケクレが「根の理論」と「型の理論」から引きだした認識は次の3点に要約できる．

① 合理的な構造式とは，それ一つで分子の性質や反応を漏れなく表現できるものである．

② すべての元素は固有の原子価をもち，互いの原子価を満たすように結

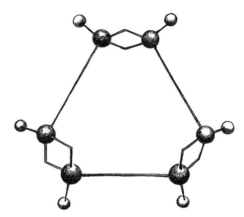

図4.1　ケクレが考案したベンゼンの分子モデル

　　合する．原子価を満たせば，同種の原子も結合することができる．
　③ 分子は特定の根の組み合わせではなく，原子の結合によって生じる．

ケクレがこのような認識に至ったのは 1857 年頃だが，早くも 1849 年にはフランクランドが，アルキル根の単離実験中に偶然見つけた有機亜鉛の研究から，飽和容量（つまり原子価）に到達していて，水素が H_2 のような二原子分子であることも認められつつあった．また 1850 年頃までには水型分子（エーテル類や酸無水物）やアンモニア型の分子（アニリンなどのアミン類）が数多く合成されていた．ただケクレの熱心な支持者であり事実上のスポークスマンでもあったロシア人化学者ブートレロフの言葉をたどっていくと，分子構造（ブートレロフの表現では化学構造）という概念はそう簡単に理解できるようなものではなかったことがわかる．詳細は第 8 章に譲るが，ケクレの認識がこんにちのような分子構造概念に発展するためにはファント・ホッフの登場を待たねばならなかった．彼の炭素四面体説（1874 年）によって立体異性の問題が解決されると，ブートレロフが主張した化学的な意味での構造と物理的な構造が一つのものとして理解されるようになる．
　ただ歴史には常に表と裏がある．ファント・ホッフが炭素原子価の異方性を唱えるよりも前に，ケクレも教室で図 4.1 のような分子模型を使っていたようで，ファント・ホッフがそれを見たこともほぼ間違いない．ファント・ホッフがケクレの分子模型からヒントを得たかどうかは定かではないが，

1860年以降はいろいろな分子模型が教育用に使われていた．ファント・ホッフ自身の証言でもなければ，炭素四面体説誕生の経緯を明らかにすることは難しそうだ．さらにまた，クラム・ブラウンがこんにち使われているのとほとんど変わらない構造式を発表するのが1864年，フランクランドが結合概念を発表するのが1866年だから，これらを総合して考えると，化学構造と物理構造の境界は多方面から崩れつつあったといえるだろう．

第III部

化学では解けない化学の問題

本当は文系に
進みたかったんだ……

両方必要でしょ

カント

化合物をつくっているのは元素なのか原子な
のか．化学結合や分子構造は化学の基礎とな
る概念だが，ではなぜ量子化学計算はこれら
を導かないのか．こうした疑問を解決するた
めには哲学的な観点からの検討が必要である．

第5章

元素を生んだ
化学の遺伝子

あー　あなたが！

元素は多様性と普遍性を説明する原理

　世のなかには自分と瓜二つの人が一人や二人はいるというが，幸か不幸か私はまだそういう人に出会ったことがない．ただ同姓同名の氏には会ったことがある．しかも，そのオチアイヒロフミさんは，私と同じ大学の，同じ化学系の学科に在籍し，歴史のある名門運動部の主将まで務めたから，検索するとけっこう引っかかる．先方も同じことを考えたらしい．「あれ，このオチアイヒロフミ，誰？」ということになって，いつだったか，わざわざ会いに来てくれた．驚いたことに，同姓同名であることが申し訳ないような，すらりと背の高い，ハンサムな青年だった．弓道部だから背筋もピンと伸びて，こちらとはえらい違いである．それで彼のいうことには，入学以来，行く先々で「きみ，あのオチアイヒロフミと関係あるの？」のような質問を浴びせられて迷惑したとか．こちらに落ち度はないとはいえ，気の毒なことである．申し訳ない．

　たまたま名前が同じでも，一人ひとり見た目も中身もぜんぜん違う．1億数千万人の日本人がみなそうである．だからたとえば本気で国際化を望むなら，こちらからでていくことも重要だが，もっとたくさん留学生や観光客を受け入れて素顔の日本人を知ってもらったほうがいいだろう．お互いの国を知るのに一対一の個人的なつき合いほど効果的な方法はないからである．同じようなことが化学にもある．

　ケミストに，ある化合物や反応のことを知っているか尋ねたとしよう．私だったら，自分で扱った経験があれば，知っていると答える．しかしもし本

で読んだり話を聞いたりした程度だったら，よく知らないと答えるような気がする．私のまわりにいる化学の先生を見ても，ほぼ同じような意見である．だからたとえば入試問題をつくるときでも，自分が扱ったことのない物質や反応には深入りしたくない．教科書に書いてあるかぎりでは正しいとしても，反応条件を変えたら話が変わってしまうかもしれない，教科書が触れていない性質や注意点があるかもしれない等々，考えだしたら切りがない．そういうことが気になるのは，自分が熟知している物質や反応を扱う際のノウハウみたいなものを文字にするのが難しいことを知っているからである．化学物質が示す性質の多様さや，それにまつわる技術的な問題の詳細を知れば知るほど，迂闊なことはいえなくなり，細かなことが気になる．実験の細部まで具体的に掌握していないと安心できない．化合物であれ反応であれ，それを個人的な経験として知っていることを重視するのがケミストかもしれない．

　細かなことが気になりだすと，授業も脱線しがちである．脱線しているうちに，なんの話をしていたか忘れてしまうくらいである．しかし各論が面白ければそれもよいではないかと勝手に納得して，学期末に行われる授業評価の審判を仰ぐ，そんな教師は私一人ではないはずだ．それはともかく，各論もたくさん集まればおのずから体系が現れることもあり，メンデレーエフが証明したように，個別的な知識から規則性が見えてくることもある．各論あっての一般論，個人の経験や技やノウハウに勝る知識も技術もない．そう思えばこそ，審美眼を満足させるような端正な結晶ができるまで再結晶を繰り返してしまうのである．きらきら輝く結晶が澄んだ透明の液のどこからともなく姿を現す光景は，もはや奇跡としかいいようがない．実験台の棚に並べられた美しい宝石のようなサンプルの数々は，このような奇跡の記録である．フェティシズムといったらいいすぎかもしれないが，それに近いものがあるかもしれない．勝手な推測だが，これはラスコー洞窟の壁画と同じくらい古くから受け継がれてきたケミストの遺伝子のなせるわざで，それが化学に特有のものの見方や考え方をつくったのではないだろうか．ひょっとすると，元素もそういう遺伝子が生んだ表現型の一つかもしれない．

　物質は多様であると同時に個性的だ．厳密にいえば，規格に従って製造される工業製品でも一つひとつ微妙に違う．まして自然物はどれ一つとして同じものはない．自然にはどうしてこのような多様性が備わっているのかと，誰でも不思議に思うだろう．だから昔から，いろいろな人がいろいろな観点

から説明を試みてきた．元素も，そういう説明の一つだったのではないだろうか．元素は多様性に富む自然物の存在や性質を説明するための普遍的な説明原理である——これが本章のテーマである．

元素と形相の深い関係

ところで，自然界には多様性とともに隠れた秩序構造もあるという．多様性と秩序あるいは個別と普遍といってもよい．西洋ではキリスト教の影響もあり，これらの関係がしばしばホットな話題になってきた．とくに 17〜18 世紀の，いわゆる博物学の時代には，議論が過熱した．大航海時代以降，世界中からヨーロッパに珍しい動物や植物がもたらされると，神はなぜかくも多様な生き物を創造したのだろうかという疑問が大きくなる．アルプス以北は動物も植物も氷河の下敷きになって死に絶えてしまったから，植物叢も動物叢も貧困である．ほかの大陸から運ばれてくる珍しい生き物の数々は彼らの知的好奇心をおおいに刺激しただろう．リンネやビュッフォンが時代の寵児だったのもうなずける．とくにリンネの系統分類は，生き物だけでなく鉱物のような無機物にも応用できるから，存在するすべてのものについて，多様性のなかの秩序を印象づけた．リンネが考案した（属名＋種小名からなる）二語式命名法は，ギトン・ド・モルヴォーがラヴォアジェと一緒に刊行した『化学命名法』（1787）にも影響を与えている．それから 80 年ほどすると，今度はメンデレーエフが元素周期表を公にする．ここでも同じテーマが形を変えて現れてくる．

話を元素に戻すと，たとえば同じアルカロイドでも，ニコチンとモルヒネは見た目も性質もまったく違う．元素組成が違うから当然であるが，元素というのはもともと，こういう具合に，触知可能な物質の性質を説明する原理だったのではないだろうか．だから，元素の定義として，「物質を構成する基本的な成分」というのはよいが，「原子の種類が元素である」というのは許せない．元素の本質をまったく伝えていないからである．そういういい方もできなくはないが，それはドルトンの化学的原子説*を知っているからである．いい換えれば，ドルトンに先立つ 2000 年の歴史を無視している．

第 1 章で述べたように，西洋で元素といえばアリストテレスの四元素説がまず思いだされる．アリストテレスは元素として，土，水，空気，火の四つ

をあげる．そのアリストテレスの基本的な物質観は，形相（form）と質料（matter）が結合して実体（substance）を生じるというものである．形相と質料の関係は魂と肉体の関係と思えば理解しやすい．デカルトまで時代を下ると，形相を質料から切り離して心身二元論のような考えがでてくるが，アリストテレスはそんなふうには考えない．たとえば斧が斧であるのは，それが薪を割る道具として使えるからこそで，この「薪を割る」という斧の性質が実現するのは，刃と柄があるべき形をもつときだけである．質料つまり素材が斧本来の姿をとると，そこに斧の形相が宿る．つまり，形ある物とその性質は一体であって，決して切り離すことができない．斧が斧であるのは斧の形相のせいだが，それは素材を離れては考えられないのである．そういう何かがすべての物にはあって，それが物をその物らしくしているという．

　化学変化のように，ある物が別の物に姿を変えるときは，反応の進行とともに反応物の質料が失われるので，形相は質料から離れる．そしていわば純粋な形相とでもいうべき物になる．この純粋な形相は，生成物が生じてくると，今度は生成物の質料と結合して新たな形相に生まれ変わる．こう考えれば，物の性質も物の変化も，形相を使って統一的に説明できる．つまり形相は普遍的な説明原理なのである．これこそ万物を形づくる基本的な成分，つまり元素ではないだろうか．

元素と原子は異なる OS

　ご存じのように，ラヴォアジェは元素を「化学的な方法ではそれ以上分割できない物質」と操作的に定義*した．つまり元素を単体によって説明したわけである．しかしこうすると，物の性質や変化を説明するはずの元素が，説明原理として成り立たなくなってしまう．たとえば元素としてのナトリウムと塩素はそれぞれ特徴的な性質をもつと考えられている．金属ナトリウムや塩素ガスを見れば，それがわかる．しかしラヴォアジェの定義だと，なぜこの二つが化合して塩化ナトリウムのような塩辛い物質ができるのかを説明できない．元素は形相のように潜在的な存在であるからこそ説明原理として機能するのである．元素を物質と考えると，普遍性という元素の本質が失われてしまう．

　元素は潜在的な存在であるかぎりにおいて説明原理として機能する．博満

さんと信子さんという個性的な男女が一緒になってつくった落合家は，ヒロ
フミさんとヒロコさんという，それなりに個性のある男女がつくった隣町の
オチアイ家とはまったく違う．ただどちらもそれなりにうまくいっていると
すれば，二人が一緒になることで一人のときとは違う人間に変化したに違い
ない．変化し得る何かをもっていたからこそうまくいったのである．

　元素はなぜこれほど多様な物質が存在するのかを説明し，さらにそれらが
変化するしくみも説明できるものでなければならない．アリストテレスの四
元素はこうした条件を満たすものである．アリストテレスはエンペドクレス
に倣って，第一質料*が，乾，湿，温，冷の四つの本質のうちのどれか二つ
と結合して元素が生じると考えた．第一質料＋冷＋乾→土，第一質料＋冷＋
湿→水，第一質料＋温＋乾→火，第一質料＋温＋湿→空気といった具合であ
る[1,2]．どこかで見たような図式だと思う読者もいるだろう．たしかに，質
料＋形相→実体と同じ考え方である．乾，湿，温，冷の四つは，陰陽や明暗
と同じように，すべての物や現象のなかに見いだすことができる普遍的な性
質で，だから，これらを組み合わせることで万物と万物の変化を説明できる
のである．

　もう一つ注意して見ておきたいのが第一質料である．これはすべての物質
を構成する純粋な素材とでもいうべきものである．エンペドクレスもアリス
トテレスも，これが物質の最小単位であるとはいっていないので，これを原
子と見るのは早計だが，元素にもこういう物質的な性格をもたせたところが
アリストテレスの慧眼である．元素が純粋に潜在的なものだとすると，それ
が物質の基本的な成分であることが難しくなる．プラトンのイデアのような
ものになってしまうからだ．

　純粋に潜在的な性質というと，脆さ，燃えやすさ，溶けやすさなど，傾向
性*とよばれる性質が思いだされる．脆さや燃えやすさは実在するかといっ
たことに関して活発な議論がある[3]．こういう議論は面白いが，とかく形而
上学的な思弁に傾きがちで，自然科学の対象にはなりにくい．アリストテレ
スが生きていたらどう思うだろうか（燃焼や溶解のメカニズムを説明するの
は容易だが，科学的にせよ哲学的にせよ，なぜ燃えやすさや溶けやすさが存
在するのか，あるいは本当にそんな性質が存在するのかを説明するのは容易
ではない）．

　色や味や匂いのような五感に訴える性質は第二性質（secondary

qualities)*とよばれる．単にあるかないか，大きいか小さいかというのとは違って，こういう性質は個別的で現れ方が多様である．化学は第二性質にかかわる．だから，元素のような説明原理が求められるのである．化学は元素というOSの上で動くといえるかもしれない．これに対して，物の形，大きさ，動きなどは主観から独立している（とロックはいう）．こういう性質は第一性質（primary qualities)*とよばれる．力学は第一性質を扱う．力学でやっていることを思いだせばすぐわかるように，物の個性は問題にならない．だから力学に元素がでる幕はない．そのかわり，力学をはじめとして，物理系の諸科学は原子というOSの上で動く．原子は物質を構成する部品にすぎないから，個性は必要ないのである．ボイルやニュートンの時代まで，原子は1種類だけだった（第4章で述べたように，実際には，不可分割の原子より分割可能な粒子が物質をつくっているという粒子説*が有力だった）．

　物質にはいろいろな形や大きさがある．色や触感も違う．1種類しかない原子で，どうやってこういう多様性を説明するのか？　答えは簡単で，集合状態を変えればいいのである．1円玉が5個で5円，10個で10円になるようなものである．5円と10円では価値が違う．物質も原子の集合状態が変われば異なる性質を示すようになる．しかし集合状態の違いだけで本当に物質の多様性を説明できるだろうか．たぶん，ケミストは納得しないだろう．博満さんとヒロフミさんの違いが気になってしまうのだ．あるいは，文献記載の融点が得られるまで，何度でも再結晶を繰り返してしまうのだ．化学の遺伝子はそういう気質に宿る！

第6章

分子の中の
幽霊

分子の中に原子はあるか

　分子は原子が結合してできる．では，できた分子の中に原子はあるだろう
か？　あるという人もいれば，ないという人もいる．量子化学の計算を駆使
してあることを証明したと主張する人がいる一方で，そんな証明は恣意的で，
証明になっていないと反論する人もいる[1,2]．化学にとってこれほど基本的
な問題はないといえるくらいだが，問題の根は意外に深そうだ．

　19世紀の化学者リービッヒの大きな業績の一つに元素分析法の確立があ
る．ギーセンにあったリービッヒの研究室には元素分析法を学ぶために世界
中から優秀な若者が集まり，この技術は彼らによって各国に普及した．元素
分析法の象徴ともいえるカリ球（発生したCO_2を吸収するガラス球）はア
メリカ化学会の紋章にもなっている．リービッヒが元素分析の原理や装置を
研究したのはケクレが分子構造論を確立するより20年以上前の，1830年代
である．当時は元素分析以外にこれといった分析手段もなかったし，分子構
造という概念すらないのだから，物性と構造を結びつけて理解することも，
したがって物性値を化合物の同定に利用することもできない．こういう場合，
既知の化合物との関係は重要な手がかりになるが，そもそも組成がわかって
いる化合物が少ない．後に原子量体系を統一する際に大きな問題を引き起こ
すのだが，酢酸鉛と酢酸銀はどちらも金属と酢酸が1対1の割合で結合した
化合物だと考えられていたくらいである．推して知るべし，であろう．いま
の知識を前提にするとこのような状況は想像しにくいが，19世紀前半とい
えば，ベルセリウスの電気化学二元論＊が脚光を浴びていた時代である．私

たちの常識は通用しない．もともとこの理論は無機化合物の成り立ちを説明するものだったが，後に有機化合物にも拡張され，根の理論*として普及した．

　根の理論では，有機化合物の成り立ちをプラスとマイナスの根の結合で説明する．こんにちでも日本語では硫酸根とか硝酸根とかいうが，これらの構造が議論の的になることは少ない．根は反応に関与しないからである．根の理論では有機根（いまでいうところのアルキル基やフェニル基のこと）も硫酸根のように反応に関与しないと考えられていたので，いったん組成が確定すれば，とくに説明に窮するような事態にでもならないかぎり，それ以上踏み込んで議論されることは滅多になかった．

　こういう状況だったことを考えると，ホフマンやウィリアムソンが型による有機化合物の分類を提案し，すべての化合物をこれはアンモニア型，あれは水型というように分類したのは画期的な試みだったといえる．しかしケクレはそこでとどまることはなかった．彼はさらにそこから一歩進んで，根や型では曖昧にされていた元素間の関係に目を向けたのである．そうすることで，根だの型だのといった恣意的な説明は不要になり，元素と元素の結合，つまり構造に基づいて化合物の性質や反応を説明することができるようになる．

　ケクレ自身が1861年に提案した構造式はソーセージ型とよばれるもので，分子を構成するすべての元素のvalence（ここではあえて原子価という言葉を使うのは差し控えたい）を満たすように描かれている．が，こんにちの構造式と比べると，どう好意的に見ても，分子の構造には見えない．構造式とよぶのがためらわれるくらいである（図6.1）．それと比べると，1864年にクラム・ブラウンが提案したものはすっきりしていて，わかりやすい．これこそ構造式といいたくなる．というより，私たちの分子のイメージは，クラム・ブラウンが提案した構造式によってつくられたというべきであろう．元素記号を丸で囲むところが違うだけで，そのほかは，少なくとも見かけ上は，こんにちのものと同じである．

19世紀，構造式はどう見られていたか

　いま，見かけ上はといったが，実際はどうだったかというと，この構造式

図 6.1　ケクレ提案のソーセージ型（皿の上）とクラム・ブラウン提案の
構造式（頭の中）

は元素と元素の化学的な関係を表しているだけで，空間的な配置を意識した
ものではなかった．構造式で二つの元素が隣接して描かれているのは，それ
らが化学的な意味で切り離せないからであって，必ずしも空間的に隣接して
いるからではないのだ．クラム・ブラウンの構造式は元素間の化学的な関係
を表すもので，分子の三次元的な構造を表すものではなかったのである[3,4]．

　構造式が示す元素の化学的な位置は，必ずしもそれらが占める空間的な位
置を意味するわけではない——こんにちの構造式を前提にして考えると，こ
の説明は問題を不必要に難しく，わかりにくいものにしているように見える．
それだけではない．元素記号と元素記号のあいだに引かれた短い線の意味も
よくわからない．構造式が元素の化学的な位置しか表していないとしたら，
この線も元素間の化学的な結びつきを表す標識にすぎないことになるだろう．
この標識のそれ以上の意味を知っている私たちの目には，この説明はわかっ
たような，わからないような，非常に曖昧なものに映る．そもそも空間的な
位置と切り離して考えるべき元素間の純粋に化学的な関係とはどのようなも
のか，簡単には想像できない．

　クラム・ブラウンの説明を聞いて釈然としないのは，たぶん私たちが構造
式からイメージするものとクラム・ブラウンが見ているものが違うからだろ
う．構造式を見たとき，私たちは原子が化学結合で結ばれてできる立体的な
構造をイメージする．カルボニル基や共役不飽和結合などの例を見ればわか

るように，空間的に近い距離にある原子は化学的な意味でも切り離せない．
あえて化学的な位置と空間的な位置を区別する必要性を私たちは感じない．
では，クラム・ブラウンはどう見ていたのかというと，想像するに，おそら
くクラム・ブラウンの目に原子は映っていなかったのだろう．さらに，これ
は歴史的な事実なのだが，クラム・ブラウンがこの有名な構造式を提案した
1864 年当時，化学結合という用語は少なくとも公式には，まだ使われてい
なかった．これはこの問題を考えるときに忘れてはならない重要なポイント
である．少し説明しよう．

　まず原子について．ドルトンが元素ごとに異なる質量をもつ原子の存在を
示唆したのは 19 世紀はじめだが，実状はといえば，19 世紀半ばを過ぎても
原子はまだ化学に根づいていなかった．ドルトンの化学的原子は倍数比例の
法則*など化学量論を説明するには便利だが，それは物質の究極の構成単位
としての物理的な原子とは別物だと考えられていた[5]．一方，元素はといえ
ば，物質を構成する基本的な成分として古くから認知されており，まさに化
学の土台というべきものである．元素は経験に裏づけられ，妥当性が十分に
保証された概念であった．いまもその当時も，これを疑ったら化学はできな
い，というくらいである（だから，化合物を同定するときも元素の組成を見
るのである．メンデレーエフも，元素の化学的な性質を調べて周期律を発見
したのであった）．

　次に元素記号と元素記号を結ぶ短い線について．もしこれが化学結合でな
いとしたら，構造式の意味もいまとはまったく違うものになるだろう．実際，
19 世紀にはこの標識はいまとは異なる意味をもっていたのである．それは
どのようなものだったかというと，valence である．日本語では原子価であ
るが，もとはといえば一つの元素が結合しうる元素や根の数であった．根の
単離を目指して研究を行っていたフランクランドは 1849 年に偶然，有機金
属化合物を発見する．その翌年には，亜鉛やスズに結合する有機根の数に規
則性があることを見いだし，これを元素の飽和容量（saturation capacity）
と名づけた．後にホフマンは quantivalence という名称を提案する．諸説あ
るが，この言葉は当量（equivalent）からの連想であろう．反応する化学種
の量的関係を表す数値だから，こちらのほうが合理的かもしれない．さらに
これが短縮されて valence になる[3]．一方，根の単離研究から多価アルコー
ルの研究へ進んだウルツは，グリコールやグリセリンなど多価の根からの類

推で多価原子の存在を予想し，これをすでに存在していた atomicity という言葉で表現した．ただこの言葉は原子の内部構造に言及しているように聞こえるため，賛否が分かれたようである [6,7)．こうした歴史的な経緯を追っていくと，当時の人たちの心象風景を垣間見るようである．

　ちなみに，valence がいまのような意味を獲得したのはいつ頃かというと，きっかけは二つあって，その第一は 1866 年，フランクランドが化学結合（bond）という用語を提案したときである．元素の結合の規則性を表す言葉はいくつもあったが，どれも抽象的でわかりにくい．もっと具体的で，直感に訴える言葉に統一しよう，というのがフランクランドの提案の趣旨であった（発表の時期を見ると，フランクランドはクラム・ブラウンの構造式に触発されたのではないかと考えたくなるが，真相はわからない）．第二のきっかけは 1874 年，ファント・ホッフが光学異性を説明するために正四面体炭素仮説を提唱したときである．正四面体の中心に炭素を置いたとき，炭素の valence は正四面体の四つの頂点を向くとファント・ホッフは主張した．一つの元素が結合する元素の数を表す valence が，ここでは物理的な実体のように扱われている．化学結合という言葉が誕生してから 8 年が経っていた．この間に水面下で意識の変化が進んだのは間違いないが，そうはいってもファント・ホッフの提案がすぐに受け入れられたかというと，そうではなかった．炭素の正四面体仮説は光学異性の説明には有効だが，valence の方向性という考えは，そもそもそれが何であるかがわからない上に，ある決まった方向にだけ作用する力というものが当時は知られていなかったから，当然といえば当然である．荒唐無稽な絵空事と見る人も少なくなかった．ファント・ホッフの提案が完全に受け入れられるためには，原子の実在が証明され，valence の正体が解き明かされる必要があった．いずれも実現できたのは 20 世紀に入ってからのことである．

物質は元素でできている

　これまでの話で，19 世紀の人たちがいまの私たちとは異なる世界を見ていたことがわかったであろう．彼らの知る化学物質は元素でできていた．物質の多様性は元素の多様性と結びついていた．どのような構造式で表そうと，そのことに変わりはない．クラム・ブラウンの構造式は，見かけはいまのも

のとそっくりだが，そこに表現されているのは目に見える化合物や化学反応の，元素による解釈である．ただ表現というのは，いったん生みだされると，作者の意図とは関係なく一人歩きを始めるものである．絵でも音楽でも構造式でも，いろいろな解釈が可能だ．私たちは分子内の原子の結合のトポロジーや空間配置を想像し，それをクラム・ブラウンの構造式に投影してしまう．本当のことをいえば，誰も原子や分子を見ることはできないし，量子力学の法則に支配されたミクロの微粒子の運動を想像することもできないのである．つまり，私たちがイメージする分子はさまざまな構造式の解釈の上に成り立っているということである．

　21世紀の私たちは原子や分子の実在を疑わない．だから，構造式の元素記号が原子に見えるのである．その反面，分子のX線画像を見ても簡単には構造が浮かんでこない．スナップ写真の代わりにレントゲン写真でも見せられたように感じてしまう．構造式を見ているときのようなリアリティを感じにくい．

　この感覚は図らずも私たちの心の内を正直に物語っているのかもしれない．私たちは原子や分子が実在することを習って知ってはいるが，それと同じかそれ以上に，元素でものを考える習慣を身につけている．成分元素から化合物の性質を想像し，元素分析の値から組成式を組み立てる．質量分析や核磁気共鳴があっても，元素分析を省略したりはしない．元素分析に信頼を置いている点では19世紀の化学者も現代のケミストも同じである．元素記号の上に原子を重ねて見るが，元素抜きで分子の性質や化学反応を語ることはできない．なぜカルボニル基の炭素原子は求核試薬の攻撃を受けやすいのかと問われれば，酸素の電気陰性度が炭素のそれよりも大きいから，と答える．元素の性質を知らなければ，電子対の分布の偏りや電子の授受を論じることはできない．私たちは元素でものを考える．これは紛れもない事実である．19世紀と違うのは，私たちの元素は化学結合によって三次元空間に拡張されているということだ．元素はそれ自体では抽象的な概念だが，分子の中では三次元に拡張されて原子が化学的に働けるようにする．これが基本物質としての元素の働きにほかならない．

　このように考えると，ファント・ホッフが炭素の正四面体仮説を公にした著書（というよりパンフレット）のタイトルは時代の転換点を示しているようで興味深い．それは『化学で現在使われている構造式を空間に拡張する提

案』（1874）であった．正四面体炭素は幾何学的に拡張された元素の象徴といえるだろう．ファント・ホッフによって分子の化学構造と物理構造が一つになったといわれるが，一つになっても分子構造が元素記号を使って描かれることに変わりはないのである．

結合はつくられた!?

化学結合は詭弁か

18世紀の哲学者カントは，私たちが対象を認識するしくみを二段階に分けて説明した[1].

第一段階として，対象が感性*に直観として与えられる．赤い物を見れば赤いと感じ，冷たい物に触れば冷たいと感じる．直観は五感の働きによるから，人間と他の動物では感じ方が違うだろう．イヌは嗅覚で世界を感じているように見え，タカの目は紫外線を感じるというから，たぶん人間とは違う景色を見ているのだろう．人間は人間に許された範囲で世界を感じるしかない．

対象が感性に与えられると，今度は悟性*がこれにふさわしい言葉を与え概念として把握する．これが認識の第二段階である．目にとまった赤くて丸い物が悟性の働きでリンゴと認識されるのである．ふさわしい言葉が見つからないと，第一段階から先へ進めない．目の前に突然，異形の物体が現れた場面か，縄文人がタイムスリップしてテニスコートに現れた場面を想像してみるとよい．

言葉で情報が与えられる場合も，いったんそれを感性が受け取ってから自分の言葉にするから，悟性が自分の言葉を見つけることができないと，字面は追えても何も頭に入ってこない．このような認識は盲目であるとカントはいう[1]．この話がそうならなければよいのだが．

ところで，いまの話とは反対に，悟性では考えられるが，感性ではとらえられないものもある．カントは神や魂を例にあげているが，原子や分子も五

50

感ではとらえられないから，そういう例に入るだろう．感性が働かなければ悟性は空回りするしかない．そういう認識は空虚だとカントはいう．となると，原子や分子について議論するというのはどういうことになるのだろう？

　化学結合についての議論も同様である．ケミストにとって化学結合はなくてはならないものである．それは原子と原子を結びつけ，分子に形や構造を与える．化学結合の種類は分子の反応性を知る手がかりにもなる．化学結合のない化学など想像もできないが，たとえるなら文法をもたない言語のようなものだろうか．カオスというよりほかはないだろう（カントは 18 世紀の人だから，化学結合はまだ知られていなかった．新奇な化合物のリストが伸びていく一方で，それらの関係を整理し説明する理論はまだ知られていなかったから，有機化学は密林か迷宮のようだったという．このような混沌とした状況を見て，カントは，化学はサイエンスではない，といったのだろう）．

　化学結合はまさに化学の屋台骨である．ただこれは電子顕微鏡でも見えないし，原子や分子と違って X 線や電子線を当てて撮影することもできない．赤外線分光法では吸収された赤外線の波長と結合の振動モードを対応させるが，分光法というのはなんらかの仮定に基づくデータの解釈であり，状況証拠と理論に支えられた推測である．五感に与えられるのは吸収スペクトルの波形であって，実在する結合の形や影ではない．どんな手段を使っても，化学結合は感性には与えられない．とはいえ私たちはそれをリアルに感じるため，経験の一部といってもいいくらいである．この認識が感性によるものではないとしたら，それはいったいどこから来るのだろう？

　カントによれば，それは悟性の仕業である．判断力がしっかり見張っていないと，悟性はしばしば概念の適用範囲を逸脱し，経験できないものにまで概念を当てはめてしまう．純粋に主観的なものと客観的な事物の区別ができず，主観のなかにしか存在しないものを客観的な存在と勘違いして空虚な詭弁や錯覚をつくりだしてしまう．判断力が正常に働いているときでさえ，これは避けるのが難しいとカントはいう[1]．カントの主張が正しいとしたら，化学結合はケミストの詭弁か錯覚になってしまいそうである．本当はどうだろうか．

化学結合成立の経緯

　事実の確認がすべての出発点になる．化学結合についていえば，それは1866年に書かれたフランクランドの次のような一文が発端になった．「結合（bond）という言葉によって，私は単に，これまでatomicityとかatomic powerとかequivalenceとか，いろいろな名称でよばれていたものに，より具体的な表現を与えたいと考えているにすぎない．これを使えばmonadとは1本の結合をもつ元素であり，dyadとは2本の結合をもつ元素ということになる．いうまでもないが，私はこの言葉で化合物のなかに元素と元素を結びつけるなんらかの物質が実際にあるというつもりはない．元素と元素の結びつきは，むしろ太陽系を構成する惑星間の結びつきのようなものであろう」[2,3]

　この文は化学結合という言葉の誕生の経緯と，この言葉に託された意図を明確に示している．化学結合という言葉は同じ意味で使われていた複数の用語を一つにまとめるために考えられたもので，その意味というのは，前の章でお話ししたように，一つの元素が結合する同種または異種の元素の数であった．これより少し前の1864年にクラム・ブラウンは元素記号を価標で結んだ構造式を提案し，フランクランドもその普及をあと押しした．クラム・ブラウンの構造式に描かれた価標（二つの元素記号をつなぐ短い線）の意味は，フランクランドが上の文で提案した「結合」のそれとまったく同じである．

　記号は視覚に訴える．カントの言葉を借りれば，感性に直観として与えられる．その直観に悟性が言葉を与え理解が成立するのだが，価標は誰がどう見ても，その両端に置かれた元素を物理的に結びつけているようにしか見えず，そういうものに与えられる言葉として「結合」よりもふさわしい言葉がほかにあるとは思えない．フランクランドがクラム・ブラウンの構造式に触発されたかどうかはわからないが，どちらが先でもあとでも，この一組の記号と言葉は間違いなく一つの対象を暗示する．そしてそれはフランクランドとクラム・ブラウンの当初の意図を裏切るものであった．

　フランクランドやクラム・ブラウンが自身の提案をどう考えていたかというのは興味深い問題である．この記号や言葉に接した者が視覚的にも概念的にも物理的な結合を想像するとしたら，この二人も例外ではないだろう．誰

も感性と悟性の法則に逆らうことはできないのである．そういう意味で面白いのは，先の引用の最後の一文が 1870 年の文献では「成分元素を実際に結びつけている結合の性質はまったく知られていない」に変更されていることである．惑星間に働く引力の比喩を取り下げた心理とはどのようなものだったのだろうか．

　結合の定義も，当初は「一つの元素が他の元素に接続する点」だったのが，4 年後には「原子をつなぎとめる力の一つひとつを結合と名づける．原子を結びつけるという性質に関する限り，この用語は仮説を含まない」へ変更される．原子価とよぼうが結合とよぼうが，それがなんであるかはっきりしないことに変わりなく，真剣に考えれば考えるほど慎重にならざるを得なかったのではないだろうか．

　化学結合が物理的な実体とみなされるようになる重要な節目がファント・ホッフの炭素正四面体仮説である．炭素を四面体の中心に置くと，4 本の結合は四面体の各頂点方向を向く．この主張は，ヴィスリツェーヌスの豊富な実験事実に支えられていたとはいえ，また結合という言葉の誕生から 8 年のあいだにそれなりに意識の変化があったにせよ，きわめて大胆なものだった．先に述べたフランクランドの態度と比べると，ファント・ホッフの大胆さが際立って見える．パスツール以来の結晶学の伝統の上に，同じ 1874 年に分子の型という観点から正四面体仮説を提唱したル・ベルと比較しても，ファント・ホッフの主張は大胆である．なんといっても，ファント・ホッフは実在するかしないかわからない結合について，その方向性を主張しているのであるから．しかも当時知られていた力のなかで異方性を示すものは一つもなかったのである．こうしたことを考えると，ファント・ホッフの大胆さと慧眼には驚かされる．正四面体仮説が光学異性の説明に成功したことで，化学結合は化学的な事実になった．

化学結合が事実である理由

　化学結合は事実である．歴史的な経緯がどうであれ，それが事実であることに変わりない．化学結合は化学反応や分子構造を説明するのになくてはならないものとなっており，有機化学はそれなしには成り立たないといえるくらいである．化合物は元素が化合してできるが，元素は生成も消滅もしない

ので，新奇な物質を合成するには結合を組み替えるしかない．つまり化学反応は結合の組み替えである．膨大で多岐にわたる化合物や化学反応をできるだけ記憶力に負荷をかけずに整理するうまい方法は，化学反応の型に注目することである．このことは有機化学の教科書を見れば明らかだ．ほとんど無限ともいえる膨大な数の化合物が化学反応の型（いい換えれば，結合の型）によって分類され，数百ページのなかで理路整然と説明されている．

　複雑な構造の化合物を化学的に合成するときに最も重要なことは，できるだけ合理的で無駄の少ない合成ルートを論理的に導きだすことである．ウッドワードらはビタミン B_{12} の全合成で実際にこれをやって見せたのである．化学結合にはそれぞれ特徴的な化学反応があるから，化合物に含まれる結合の型を手がかりにして，最終生成物から出発物質へ，合成ルートを逆向きにたどっていけば，合理的な合成経路と合理的な出発物質を同時に突きとめることができる．この方法は後にコーリーらが体系的に整理し，レトロ合成（逆合成）解析＊とよぶ分析手法として確立した．通常の化学合成とは逆向きに進むこの思考実験は，合成計画を立てるための，なくてはならない手法になっている[4]．

　これらの事例は結合が化学的な事実であることを示唆する．化学結合はこれまでに知られている知識や経験と矛盾しないどころか，レトロ合成のような手法を開発する決め手になった．レトロ合成はこの瞬間にも世界中の合成化学研究室で成果を上げていることであろう．これだけ豊富な状況証拠がでそろえば，見えるか見えないか，撮影できるかできないかといったことはもはやそれほど重要ではないだろう．

　しかし科学の歴史を振り返ると，経験と矛盾せず，新たな理論の発展に貢献したにもかかわらず，後にその存在が否定されたものがいくつもあることがわかる．化学と関係の深いものを一つだけあげるなら，熱素がよい例である．熱素を提案したのはカルノーサイクル＊で有名なカルノーである．カルノーは高所から低所へ落下する水が水車を回すように，高温側から低温側へ移動する熱が仕事をすると考え，熱素＊の存在を仮定して熱機関の効率を計算した（図 7.1）．計算の結果は熱力学の教科書に書かれている通りだが，水車のアナロジーは熱の本質を見誤っている．水は高所から低所に落下しても失われないが，熱は仕事をすれば，仕事に変わった分だけ失われる．熱素は間違いだったが，カルノーの洞察は熱力学の発展に貢献した[5]．

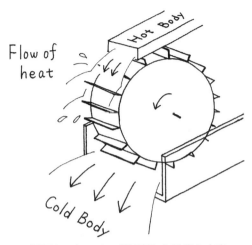

図7.1 カルノーが提案した熱素の水車

　話を化学結合に戻せば，デュワーは真理を探究する科学者の誠実さをもって痛烈な一撃を化学結合に加える．デュワーは断言する，分子内の電子は（結合に）局在してはいない，と[6]．化学結合があるように見えるのは，生成熱や結合長や結合角のように，分子の全電子エネルギーと全電子分布だけに依存する性質（集団的性質という）を見ているからなのだ．平たくいえば，集団的性質に関するかぎり，全電子エネルギーをどのように分割しても矛盾は生じない，ということである．これは同じ大きさのパイを3人で分けても4人で分けても，均等に分ければ文句はでない，という話にたとえることができる[7]．

　量子化学の言葉では，基底セットを構成する個々のAO（atomic orbital）をそれと等価な任意の一次結合の組で置き換えることができる，ということである．これが混成軌道*を使って分子の集団的性質を議論する際の根拠になる．化学結合という考えは，真実を描写しているというより，真実を変換して，複雑な計算をしなくても分子のいろいろな性質を予測できる便利さにその価値がある，とデュワーはいう．sp^3混成を受け入れれば，いちいち計算をしなくてもメタンが正四面体の分子であることが直感的に理解できる．

　このような事実を突きつけられては，化学結合が実在すると主張するのは非科学的だといわれてしまうかもしれない．しかしもう一度デュワーの言葉

を借りれば，「分子内の結合があたかも局在しているかのように分子が振る舞うならば，結合は局在している」といっても構わないのである．むしろ慎重に検討しなければならないのは，「事実」や「実在」といった言葉の意味のほうかもしれない．19世紀の化学者たちは可能な経験の範囲で洞察を働かせ，化学結合を発見した（もちろんこの発見は砂漠を掘って石油を見つけるとか，恐竜の化石を見つけるといった発見とは違うのだが）．そして有機化学の体系化を通じて，それが化学的に見て妥当な事実であることを膨大な成功事例をもって示したのである．化学結合は事実であると主張することは，自分の目に映る光景が（少なくとも人間の経験の許す範囲で）事実だと主張するのと同じくらい合理的なことである．

　カントは感性に与えられた対象を悟性が概念化することで認識が成立するといったが，実際には対象そのものを見るのでも，まわりのものから切り離してそれだけを見るのでもない．赤いバラの花も，暗い室内で見るのと明るい光の中で見るのとでは違った見え方をする．化学結合も同じで，誰が見てもそれが存在するように見える現象があるのなら，その範囲において，それは事実とみなすことができるのである．

化学と物理

第8章

「やってみなければわからない」化学のメンタリティとは

　あの夫婦はまるで割れ鍋に綴じ蓋だというと，褒めているのかけなしているのかわからないが，それなりにうまくいっているという意味である．ダメ男とダメ女が愉快な夫婦になることは珍しくないから，こういうふうに形容される夫婦も少なくないはず．しかしこういうのは一緒になってはじめてわかることだから，前もって予想するのは難しい．

　やってみなければわからないのは，男と女の関係だけではない．化学の信条も，やってみなければわからない．屁理屈をこねる前にやってみろ！　こんな風土で育つから，ケミストには活動的な人が多い．本を読んでいるより，テニスかバドミントンでもしているほうが性に合っている．私も学生時代には，実験の合間にちょっと気分転換と称して，裏庭でバドミントンに興じたものだ．日頃から手を動かすことに慣れているから，料理もお手のもの．主菜も副菜も段取りよく同時進行でこしらえて，完成と同時に洗い物もきれいに片づいていたりする．こういうのは，しかし，いわゆるステレオタイプというもので，もちろんすべてのケミストがそうだということではない．読書や音楽鑑賞をこよなく愛する人も少なくない．野依先生はクラシックを聴きながら論文を書くそうだ．

　ケミストも人それぞれなのだが，物理学や生物学と比べると，やはり化学には化学特有の色や匂いがあるようだ．化学の実験は半日もかからずに結果がでてしまうものも多いから，ちょっと試してみる，が簡単にできる．これに対して，たとえば加速器を使うような大がかりな実験や，1年に1回しか

チャンスのめぐって来ない生態学の調査になると，そうはいかない．微生物も，単細胞とはいえ生き物だから，機嫌を損ねると大変なことになる．数時間で終わるはずの培養が半日待っても始まらなかったり，帰宅間際に元気になって，けっきょく一晩つき合わされたり．植物の二次代謝産物*が脱窒細菌*などの土壌微生物に及ぼす作用を調べているときには，そんなことがよくあった．この手の実験では，計画してもその通りにいかないことは最初から織り込み済みだから，せかせかする気にもならない．こういう研究をしている人は，ケミストと比べるとどことなくおっとりしているように見える．せっかちな私にはなかなか真似ができない．化学はやればやっただけの成果が見込めるせいか，じっとしているのが苦手なのだ．考えるより手を動かせ，になってしまう．

　化学が物理学や生物学と違うのは実験の規模やかかる時間だけではない．実験の目的や性格も違う．物理学や生物学では，実験をするのは主に仮説を検証するためだ．加速器を使って素粒子を衝突させるのは原子核の構造や素粒子の性質に関する仮説を検証するため．天体物理学者が星空に望遠鏡を向けるのも，宇宙の成り立ちに関する仮説を確かめるためである．生態学者はただ闇雲に森の中を歩き回っているわけではない．仮説検証型の研究*では，実験する前になんらかの理論をもっておく必要がある．「何がでてくるかわからないが，とにかく衝突させてみよう」というくらいの気持ちで素粒子を衝突させる人はいないだろう．精緻な理論があり，検証すべきポイントがはっきりしていなければ，測定の精度や誤差の許容範囲を決めることもできない．素粒子物理学や天体物理学にはロマンがあるが，でたとこ勝負の宝探しではないのである．そもそも理論がなければどちらの方向に望遠鏡を向けたらよいかさえわからない．

化学は分析（analysis）より合成（synthesis）

　これに対して化学の実験，とくに新奇物質の合成や反応の開発では，世の中にまだ存在しないものを新たにつくりだすわけだから，理論がどうのこうのというような話ではない．むしろ理屈で考えたら不可能に見えるようなことを可能にするという話なのだ．測定精度や誤差の問題ではない．どうしたら目論見通りの反応を起こすことができるか，どうしたらほしい化合物だけ

を選択的に合成できるかという問題である．だから，仮に化学収率が少々低くても，いらないものが多少できても，ほしい化合物が簡単に単離できるなら，それもよしということになる．

そもそも意図したもの以外は何もできないような反応などない．反応式で書けばA＋B━→Cとしか書きようがないとしても，実際にはC以外にDやEや，わけのわからないものができてしまう．スケールアップしたら反応が変わってしまったということもある．反応機構を問われれば，それなりにわかったようなことをいうが，実験条件を少し変えただけで反応が一変するようでは，わかっているとはいえない．確かなことといえば，○○したら××になった，△△ができた，という対応関係だけなのだ．

もちろん一つの反応を突き詰めて徹底的に研究すれば，それなりにわかってくることはあるだろう．しかしどこまで行っても，フラスコの中で起こることは実験条件の関数なのだ．さらに，社会現象が統計的な性格を免れないように，化学現象もまさに分子の統計学として理解されるべきものである．実験条件をぴったり同じにすることはできず，仮にそれができたとしても，結果には一定の幅やばらつきが生じてしまう．それも込みで，化学反応のパターンや傾向を電子の動きを使ってざっくり図式化したのが有機電子論*である．有機化学では最も重要な理論の一つだが，電子が対になって電気陰性度の大きい元素のほうに引っ張られて動くという話はよくできたフィクションにすぎない．有機電子論の主張に従って考えれば目の前で起こっていることを理解することができ，反応の道筋を予想することもできるが，これはあくまでも現象レベルで考えれば矛盾しないという話であって，個々の分子のレベルで本当にその通りのことが起こっているわけではない．

物理学では自然現象を現象として記述するだけで終わりにすることはない．むしろ現象を分析して基本的な力や物質を見つけたり，それらのあいだに存在する量的関係や構造を明らかにしたりすることに研究の主眼がある．物理学の理論はそのようにしてつくられる．自然界を支配する究極的な原理の解明を目指す物理学にとって，自然法則が数学的な形式をもつことや，理論が抽象的なモデルの中でしか成り立たないことはとくに問題ではなく，逆にむしろ当たり前のことなのかもしれないが，こういう考え方は化学にはない．

化学と物理学を比べると，物理学と哲学の相性がいい理由がわかる．哲学は概念や通俗的な思考様式を批判的に吟味し，しかもそれを徹底的かつ体系

的に行う．哲学のもつこの基本的な姿勢は根本原理の解明を目指す物理学の姿勢と相通じるものがある．これに対して，実践重視の化学は問題意識において哲学とやや距離があるようだ．ただ化学には哲学的な吟味を必要とする概念が山ほどあるから，化学哲学は発展の余地が大きいということもできる．

化学に不可欠の想像力

　物理学と違って，新奇な物質の合成を目指す化学は，分析よりも前に試行錯誤が来る．数学的に厳密な分析は化学には馴染みにくいかもしれない．そのかわり，化学ではトランスディクションとよばれる思考法が活躍する．英語で「前もっていう」（つまり，予想する）ことを prediction といい，「後から振り返っていう」ことを retrodiction という．時間的に先か後かという違いはあるが，これらが言及する対象はいずれも経験の範囲内にある．これに対して transdiction は，経験可能な事柄から経験できない事柄を想像する．トランスディクションのトランスは「越える」という意味だ．経験と非経験の境界を越えて何かをいうのがトランスディクションである[1]．

　化学には経験則が多い．経験則は目に見える現象を要約するか一般化したものだから，内容に嘘や偽りがない．その一方で，化学には有機電子論のように想像力を刺激する理論や概念もたくさんある．ドルトンの化学的原子説*はその最たるものだが，化学結合や分子構造なども例に加えることができるだろう．これらは目に見える現象を単に要約しているのでも，別の現象でそれを説明しているのでもなく，誰も見たことがない（そしてこれから先も見ることがない）対象を表現している．これらの理論や概念の役割を考えると，トランスディクションの重要さが身にしみてわかるだろう．

　ケミストは原子や分子を見てきたかのように語る．そうしないではいられないのだ．これは昨日や今日に始まったことではなく，分子構造も化学結合もなかった時代からそうだったのである．たとえばリービッヒは，目の前で起こっている現象をよく観察していると，反応物質の姿や化学反応の様子がまるで写真でも見るように目に浮かぶ，と述べている．実験に明け暮れ，化学を知り尽くした人のなかにはこういう感覚を発達させている人が少なくなく，だからこの感覚は優秀さの証になる，ともいっている[2]．フラスコの中で起こっていることを具体的にイメージできなければ，刻々と変化する現象

に適切に対処することはできない．リービッヒ自身が改良し確立した元素分析法*のほかにはこれといった分析手段がなかった時代，リービッヒのいうような感覚の有無は重要な意味をもったに違いない．

　分子構造や有機電子論が化学の常識になったいまでは，ありがたいことに特別に優秀でなくても，化学を学んだ人なら誰でもそれなりに分子の姿や反応機構を思い浮かべることができるし，化学を知らない人に CG を見せて説明することもできる．ただこれは自分自身の経験でもあるのだが，ケミストのなかでもイメージするものには多少の幅があるようだ．たとえば均一系触媒反応などで遷移金属を扱った経験があると，金属はふわふわして柔らかいという印象があるが，そういう経験のない人にはこの感覚はちょっと共有しにくいかもしれない．化学では，物質でも反応でも，具体的な実験操作と切り離して語ることはできない．トランスディクションは化学に特徴的な思考法だが，それは経験の裏づけがあってこそ有効に働くものなのである．

純粋に化学的であることの意味

　ケクレが 1858 年に論文のなかで表明した次のような考えは，まさにこのことをいったものであろう．「近い将来，いろいろな化合物の構造式を決定することができるようになるかもしれない．しかし仮にそうなったとしても，条件が変わればどんな反応が起こるかしれないし，合理的な構造式はすべての反応をちゃんと表現できるものでなければならないから，いまわかっているのとは別の構造式が見つかる可能性もある」[3]．ケクレの分子構造概念を世に広めたロシア人化学者ブートレロフはこの点をさらに明確にして次のように述べている．「化学は物質が変化する過程しか扱わない．だから，分子の機械的な構造（つまり分子内のどこに原子が存在するかということ）を知るにはまったく無力である」[3]．だから，「もし同一分子内の二つの原子が化学的に作用を及ぼしあうことがわかったとしても，それらが空間的な意味で隣同士である保証はない．それは物理的な方法で調べなければわからないことである」．ケクレやブートレロフが考える「構造」は化学的な方法で明らかにされ，分子の化学的な性質を説明するのには役に立つが，三次元に広がる物理的な構造とは区別されるべきものなのである．

　たとえば図 8.1 に示すベンゼンの構造式（左から順に，ケクレ，ロー

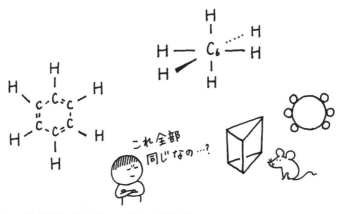

図8.1　19世紀におけるベンゼンの構造式
左から順に，ケクレ，ローター・マイヤー，ラーデンブルク，ロシュミットによる．

ター・マイヤー，ラーデンブルク，ロシュミットによるもの）は，いずれも
六つの水素原子が化学的に等価であることを示している．つまり化学構造と
して見れば，どれも正しい．繰り返しになるが，当時の考え方では化学構造
というのは化合物の化学反応性から純粋に化学的な推論によって導かれた論
理的な構築物であって，それゆえ分子のX線画像を解析しても化学構造が
見えるということはないのである．X線で見えるのは原子の配列だけである
（それをあえて構造とよぶとしたら，それは化学構造とは区別される物理構
造というべきであろう）．しかもカントにならって厳密に概念の適用範囲を
考えれば，分子のような極微の存在に構造を考えることができるかどうか，
それ自体が問題になる．真偽のはっきりしない仮説や仮定をいくつも積み上
げるようなことをしたくなければ，ブートレロフのような態度を貫くのが賢
明ということになる．
　ケミストは原子や分子を見てきたように語るのが習い性になっているが，
それと同時にケミストは筋金入りの実証主義者であり実用主義者でもあるか
ら，どんな議論においても実験事実が最後の砦になる．化学はつくってなん
ぼの世界なのだ．トランスディクションは作業仮説を生みだすためになくて
はならないものだが，作業仮説は手を動かすことにつながるからこそ作業仮
説として有効なのである．証明または反証されるまでに何世紀も待たなけれ
ばならないような数学の仮説とは違う．

第9章

古典的分子像と 量子化学的分子像

ミクロの視点とマクロの視点

　パリからヘルシンキに向かう飛行機．二人掛けの通路側に席を取れて喜んだのも束の間，中国人の一行が乗ってきて，すっかり包囲されてしまった．それはまあいいのだが，いざ離陸となると，やおら立ち上がって棚から荷物を下ろす人，座席から身を乗りだして誰かをよぶ人，香水を振る人，袋からりんごを取りだして配る人．乗務員が飛んできて着席を促すが，こちらの人が席に着くと，あちらの人が席を立つ．あっちへ行くとこっちが立つ．まるで中学校の修学旅行である．わずか３時間弱の空の旅だったが，このときほど早く解放されたいと思ったことはない．国内でも海外でも，ホテルや空港で，同じような団体客を見かけることがあり，迷惑したことも一度ならずあった．そういう経験から，いつの間にか私は彼らを十把一絡げにして安っぽいレッテルを貼るようになっていた．

　ヘルシンキ・バンター空港に降り立つや，もう我慢できないとばかり，私は頭上の荷棚から機内もち込み品の限界まで膨らんだバックパックを下ろしにかかった．ところがベルトがどこかに引っかかったのか，押しても引いても動かない．座席に立って荷棚に首を突っ込んでいると，パリで離陸前にミント系のきつい香水をプッシュしていた女性がグイッと後ろから荷物を押してくれたのである．そのひと押しでバックパックは私の腕の中へ．その重みで危うく座席から転げ落ちそうになったのだが，それを阻止したのも彼女だった．お礼の言葉を述べる私に，素敵な笑顔で手を振ってくれた彼女．ありがとう！　国際平和は顔の見える関係づくりから始まるということをはじ

めて実感した.

　マクロの視点, ミクロの視点, ということがある. 経済学なら, たとえば国家間の貿易問題などを扱うのはマクロ経済学. 個人所得と教育支出の関係などを扱うのはミクロ経済学といった具合である. 現実社会の経済は複雑だが, 計量経済学の専門家たちは支配的な因子を選んで数理モデルをつくり, アナリストたちがデータを分析し, 経済予測や政策提言を行う. コロナ禍が世界経済にどれくらいの影響を及ぼし, それ以前の水準まで回復するにはどれくらいの時間が必要かといった話ならマクロ経済分析だろうし, テレワークの拡大が個人の消費行動にどのような変化をもたらすかといった話ならミクロ経済分析だろう. 数理モデルを駆使する計量分析は勘や経験頼みの予想と比べれば正確かもしれないが, 経済現象の実像に比べたら粗い近似の域をでない. 株価を予想する数理モデルが株の売買という現実的な目的にはまったく役に立たないところを見ても, 数理モデルの限界は明らかだ.

　自然科学でも, 進化生物学や生態学はマクロの視点, 細胞生物学や分子生物学はミクロの視点といえるだろう. 大規模な疫学調査は, たとえば血液型がO型の人はA型の人に比べて新型コロナウイルスに感染しにくい傾向があることを明らかにする. ウイルスの遺伝子解析は, 世界中で大規模な流行が起こる数か月前から, 中国だけでなくヨーロッパでも散発的に感染が起こっていた可能性を示唆する, といった具合である (ただこれらが科学的に見て信頼できる知見なのかどうかということは全容が解明されるまでは明言できない. なぜならトマトとオリーブオイルの組み合わせが胃がんを防ぐという話と同様, それが単なる相関なのか, それともちゃんとした因果関係なのか, 立証するのは容易ではないからである).

　ミクロの視点とマクロの視点は同じ一つの対象に異なる角度から光を当てるのだとしたら, それぞれの視点で得られる知見は1枚の大きな絵の異なる部分といえるかもしれない. 私は学生時代に (といっても三十半ばの子もちだったが), 脱窒細菌*とよばれる一群の土壌微生物の働きを調べたことがある. 土壌から採取した菌にカフェイン酸を与え, 硝酸根の還元がどれくらい妨げられるかをガスクロマトグラフィーで調べるのである. バクテリアの吐息だから, あるのかないのかわからないくらい微かな量を測るのだが, もし脱窒過程が阻害されて, 窒素のかわりに亜酸化窒素 N_2O がでていることが突きとめられれば, その意味は重大である. 亜酸化窒素には強い温室効果

があるから，こんなことがあっちでもこっちでも起こったら，地球温暖化を加速させてしまうだろう．酸性雨が樹木に降り注ぐと，樹木の葉や茎に含まれるカフェイン酸などの二次代謝産物*が溶けだし，土壌に浸み込む．つまり酸性雨が地球温暖化を加速する可能性が示唆されるのである．アブラナ科の植物に共生する根粒バクテリアが空気中の窒素を固定し，生じた硝酸を肥料として植物が育ち，残りは脱窒細菌が窒素に還元して大気に戻す．これが地球表層の窒素循環である．脱窒細菌の生理・生態を調べることで，この大きな絵に生じた綻びの一端を見たような気がした．

孤立した分子と集団の中の分子

　化学にも視点の変更や使い分けが必要な場面がある．ただ，経済学ほどあからさまにはでてこないから，注意深くないと見落としてしまう．たとえば量子化学の議論では通常，孤立した分子を想定しているが，その分子は本当に孤立した（熱力学でいう孤立系のような）分子なのか，それとも溶液や固体中に存在するアボガドロ数個の分子のなかから選んだ1分子なのか，という点に注意する必要がある．前者は分子が一つだけ存在する仮想的な世界の話で，ミクロの視点に相当するだろう．後者は多数の分子の平均像といえるから，1分子を問題にしているように見えても，実はマクロの視点から見ているのである．本当の意味で孤立した分子と多数の分子のなかから代表として取りだした1分子では，状況がまるで違う．状況が違えば，計算の方法も変わってくる．前者は，他の分子の影響がないのだから，分子を構成する粒子間の相互作用だけを考えればよく，理想をいえばすべての相互作用を等しく考慮に入れて計算する，つまり第一原理計算*の対象になる．一方後者では，他の分子が衝突したり，引力や斥力を及ぼしたりするから，これらの効果や影響を勘定に入れなければならない．しかしそうすると計算が複雑になりすぎて解けないから，なんらかの仮定を置き，その上で近似的な解を求める．有名なボルン-オッペンハイマー近似*がそれである．

　クールソンはこの近似法を次のように説明している．「核は質量が大きい（陽子は電子の質量の約1836倍）から，電子よりはるかにのろい運動をしている．事実，古典的な言葉でわかりやすくいえば，核がその平衡位置のまわりで1回振動する時間に，各電子はそれぞれ特有の軌道を数百回旋回してい

る．このことは，私たちが電子のエネルギーを計算する場合，核を固定しているものとして取り扱ってもよいことを意味する」[1]

　物質は気体と液体と固体のいずれかの状態にあるが，そのいずれにおいても，物質を構成する分子が完全に静止した状態になることはない．絶対0度においてすら，いくらかの振動が残る．通常の溶液反応では，どの分子も激しく動き回っており，他の分子と衝突するなどしてエネルギーを受け取ったり与えたりしているから，分子の形もエネルギーも瞬間，瞬間に変化する．このような分子のエネルギーを計算で求めようとすると，時間に依存したシュレディンガー方程式*を解かなければならないことになる．しかしもし観察の時間幅が，分子間でエネルギーを交換するのにかかる時間よりも短ければ，少なくとも見ているあいだはエネルギーが一定と考えられるから，時間に依存しないシュレディンガー方程式で間にあう．超高速度カメラで分子を見たら，核は平衡位置に静止したまま，電子の運動だけが見えたというような話である（現実にはそんな光速度撮影ができるカメラはないが，思考実験としては可能である）．エネルギーをやりとりすることもできないほど短い時間幅というのは一つの切り取られた時間断面のようなもので，こういう状態をとくに定常状態（stationary state）*とよぶ．他の分子とエネルギーの授受もないから，これは孤立しているのと同じである．定常状態の孤立した分子ではボルン-オッペンハイマー近似が成り立ち，時間に依存しないシュレディンガー方程式の解（固有値）としてエネルギーが得られる．

　計算の手続きを考えると，ボルン-オッペンハイマー近似を考える状況というのは溶液や固体のように分子間に強い相互作用が存在する場合である．このような状況で，上で述べたような「孤立した」分子を考える意味はどのように理解できるだろうか．本当はどの分子も他のすべての分子からいろいろな力の作用を受けているはずだが，もしそれらを平均してもよければ，各分子は他の分子がつくる平均的な力の場のなかに置かれていると考えることができる．そうすれば，ちょうどハートレーが平均場近似*を使って多電子原子の全ハミルトニアンを一電子ハミルトニアン*に分解したように，たくさんの分子のなかから注目する分子だけを取りだして，そのエネルギーを計算することができる．ボルン-オッペンハイマー近似で仮定されている核の平衡位置は，そういう平均的な力の場のなかにおける一つの最適解を表している．

分子が形や構造をもつのはどういうときか

　ボルン-オッペンハイマー近似では，核はそれぞれの平衡位置に固定され
ている．これは分子がある決まった形をもつということだ．溶液や固体のよ
うに分子間に強い相互作用が存在すると，分子は形や大きさをもつ．これが
量子化学の議論から導かれる分子の一つの姿である．有機化学では分子が形
や構造をもつことは半ば自明だが，このいわゆる古典的な分子像が主に溶液
反応の経験から得られたという事実は上の話と符合する．実際，ボルン-
オッペンハイマー近似で仮定される核の位置は，有機化学の知見をもとにし
て決められているのである．このように，溶液状態や固体状態においては，
古典的な分子像と量子化学的な分子像が一つに収斂する．いい換えれば，古
典的な分子像が量子化学の議論によって裏づけられる．

　ところで，先に述べたように，定常状態というのは一つの切り取られた時
間断面のようなものだから，時間的に発展しない．これは実質的に時間が存
在しないのと同じである．さらに，これがもし本当の意味で孤立した（つま
りほかに何も存在しない仮想的な世界の）分子だとしたら，空間の広がりを
具体的に示すものがないので，空間という概念すら意味をもたなくなる．第
一原理計算で考える孤立系としての分子は時間や空間をもたないのである．
このような分子は通常，抽象的なヒルベルト空間[*]で記述される．形や大き
さという概念は実在の三次元空間を前提としているから，このような数学的
な世界に置かれた分子は形や大きさをもたないことになる．これが量子化学
の議論から導かれるもう一つの分子像である．

　第一原理計算は現実的ではないとしても，ボルン-オッペンハイマー近似
に頼らない *ab initio* 計算[*]でも，分子は（定常状態を仮定するかぎり）形や
構造をもたない．定常状態や孤立した分子という仮定がどれくらい現実的な
意味をもつかわからないが，分子構造という概念は有機化学で考えられてい
るほど当たり前ではないということを量子化学は教えてくれる．実際，フェ
ムト秒の測定が可能になったこんにち，分子は測定の時間幅に応じてさまざ
まな形をとることが実験的に明らかにされている（たとえばアンモニアは三
角錐型の分子ということになっているが，測定の時間幅を変えれば，一つの
三角錐の頂点にもう一つの三角錐を逆さまに立てたようにも見え，ボールの
ような形にも見える）．このように，有機化学の前提を一つずつ実験的に検

証することも不可能ではなくなりつつある.

　これまでの議論で疑問が残るとすれば，それは定常状態とボルン-オッペンハイマー近似という二つの仮定が両立するかということであろう．定常状態ではまわりの分子と物質やエネルギーのやりとりができず，時間的に発展もしない．このような状態で空間的な広がりを考えることに意味があるだろうか．ノートをパラパラめくると，ノートの端に描いた落書きが動きだす．無意味な引っかき傷の連続から顔が浮かび上がったり鳥が飛び立ったりするのが見える．形を形として認識するためには時間の経過がどうしても必要なのである.

　よくできたモデルは私たちの想像力を刺激し発見をもたらすが，完全無欠ではない．また，コンピュータの処理能力の向上と，それが可能にした量子化学計算の技術的な進歩には目を見張るものがあるが，その根底にある仮定に目を向けると，何十年も前に立てられた仮定がそのまま，とくに吟味もされずに放置されていることも珍しくない．上で述べた問題がそういう類のものではないといえるだろうか？　ちなみに，ここまでの議論の参考にした文献は，私がまだ学部生だった頃に出版されたものである[2].

　対象と少し距離をとるから見えることもあれば，遠くから眺めているだけではわからないこともある．問題を批判的に検討するには視点の切り替えが重要である.

第10章

オービタルの撮影に成功!?

しょうがないなー

子どもの頃に住んでいた家は，トイレが庭に突きでた一隅にあって，長い縁側を渡って行かなければならなかった．縁側へでると，大きな葉をつけたヤツデやイチジクが枝を広げて迎える．隣の家のトチノキも，こちらへ向かって枝を伸ばしてくる．夜になると木々が黒々と立ち上がり，風の強い晩は音を立てて押し寄せてくる．なるべく見ないようにするのだが，一瞬でも立ち止まると，待ち構えていたかのように轟と襲いかかってくる．トイレに行くことも忘れて一目散に逃げ帰ったものである．幼い子どもの目に，夜の闇は得体の知れない怪物たちの巣窟であった．

存在しないものが実際にあるかのように見えてしまうのは子どもだけではない．気がかりなことや特別に興味を抱くことがあると，それだけがまわりから浮きでて見える．たとえば雑踏のなかで人を探していると，よく似た人が目にとまる．購入したいクルマがあると，その車種ばかり目につくし，でたらめな数字の組み合わせでさえ，強く意識しているとあちこちで目にするようになる．思い込みは世界を自分に都合よく見せてしまうのである．科学者も例外ではない．

数学的な関数を撮影した話

かつて科学誌 *Nature* の表紙を次のような言葉が飾った．いわく「オービタルが観察された」（Orbitals observed）．この論文の原著者たちは，電子線とX線を Cu_2O の結晶表面に照射して得られた回折画像を解析し，Cu原子の d_{z^2} オービタルの姿をとらえることができたと述べている．編集者も，

電子オービタルを実験的にとらえた最初の事例だ，と興奮気味に伝えている[12]．

　電子線と X 線を当てて作成した電荷密度マップが何を意味するのか，細かな話はわからないが，オービタル*がどんなものかということは私にもわかる．私の理解が間違っていなければ，それは波動関数*だ．プラスとマイナスの位相があり，式で書けば実数部と虚数部からなる数学的な関数である．

　電子は粒子だが，波動としての性質も示す．つまり分布が空間全体に広がっている．だから電子がいまどこにあるかということを，バスがいま交差点を曲がって停留所にさしかかっているようにいうことはできない．電子の位置ははっきりここだとはいえないのである．もう少し正確にいえば，ハイゼンベルグの不確定性原理*によって，電子の位置と運動量を同時に確定することはできない，となる．だから，電子の所在は確率でしか表せないのであって，空間の任意の位置における電子の存在確率は

$$（波動関数）^2 = 確率密度$$

という関係式で，波動関数とつながっている．確率密度は空間全体で積分すれば1になるが，これを電子雲の濃淡と見れば，電子密度と見ることもできる．要するに，物理的な実在に対応するのは波動関数そのものではなく，波動関数の 2 乗だということである．2 乗すれば虚数部が消えるから，これはなるほどと合点がいく．

　フロンティア軌道理論*では HOMO*と LUMO*の相互作用で反応を説明するではないかと，つまり分子軌道を実在のように扱うではないかといわれるかもしれない．第 17 章でも述べるが，結合の生成や開裂をともなう反応では HOMO と LUMO の相互作用による反応系全体のエネルギー安定化効果が大きいので，これら二つの分子軌道だけを使って反応を説明しても支障がない．これはちょうど分子の全電子エネルギーにかかわる結合角や結合長のような性質（集団的性質*という）を議論するときは混成軌道を使ってもよいのと同じである．HOMO や LUMO が撮影できると主張しているわけではない．

　ある特定の文脈においてオービタルが物理的な意味をもつということと，それが物理的な実在であるということは必ずしも同じではない．後ほど述べるように，オービタルもオービット同様，モデルの一つにすぎないと考えれ

ばわかる話である．なお，オービタルが物理的な意味をもつのは，実験装置（たとえば電子線が通り抜けるスリット）や他のオービタルとの関係においてオービタルに許される状態が特定され，物理的な意味がアフォーダンス*として現実化するときである．アフォーダンスについては第 18 章をご覧いただきたい．

　オービタルはオービット（＝軌道）に似てはいるが，その実態は数学的な関数である．だから，どんな実験をしても，そんなものが撮影できるはずがないのである．原著者たちの主張は完全に間違っている（これを最初に指摘したのはたぶん，UCLA のエリック・シェリーである[3]）．おそらく，画像処理で得られた電荷密度分布が，たまたまそれらしく見えたのであろう．まるで「幽霊の正体見たり枯れ尾花」のような話だが，笑い話では済まされない．原著者だけでなく，権威ある *Nature* の査読者や編集者でさえ間違ったのだから．

量子力学の発展が混乱の原因

　量子力学の数学的表現やその意味は，感覚的な存在である人間には必ずしもわかりやすいものではない．使われている言葉も紛らわしい．（一電子）波動関数といわれれば数学的なものだとすぐにわかるが，オービタルといわれるとまるで物理的な実在のように聞こえてしまう．量子力学の発展とともに原子構造の理解が進み，何度もモデルが更新されたことも混乱を招く一因になった．原子核を中心とする固定した軌道上に電子が分布するというボーアモデルは直感的に理解しやすいが，第 2 章で話したように，その後の研究でこれは間違いとわかり，量子力学モデルで置き換えられた（図 10.1）．量子力学モデルでは電子の運動はシュレディンガーの波動方程式を使って数学的に表現される．表面的にはオービットがオービタルに変わっただけのように見えるが，軌道という物理的な実在が突然消滅して，電子の運動は数学的な関数でしか表せないと宣告されたのだから，混乱して当たり前である．電子は直観の対象ではないといわれてもにわかには納得できない．多くのケミストにとって，これがつまずきの石だった．

　ケミストは目に見えない原子や分子を扱うからこういう話が得意だと思われているかもしれないが，ご存じのように，私たちが普段扱っているのは目

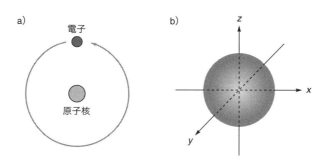

図 10.1　水素原子の原子モデル
a) ボーアモデル．原子のまわりを電子が周回している様子を示している．b) 量子力学モデル．原子核から一定の距離の範囲に電子が存在する確率を視覚化している．

に見える化合物であり，手にもって眺めたり組み立てたりできる分子模型である．そういうものを通して目に見えない原子や分子の姿を想像するわけである．ところが量子力学の理論やさまざまな実験データから考えられるミクロの世界は，私たちの想像をはるかに超えている．そもそも原子や分子は感覚や直観の対象ではないのだから，触知可能な物との単純なアナロジーでは理解できないのである．カントの言葉を借りるなら，これらは超越論的*（あるいは先験的*）な存在である．カントによれば，直観には感覚的な直観と知性的な直観があって，感覚的にとらえられないものは知性的な直観の対象だというのだが，人間は知性的な直観をもたないので，ミクロの実体について知りたければ，理論を勉強して概念的に理解するほかはないのである．

　話をもとに戻すと，波動方程式が厳密に解けるのは水素原子だけなので，それ以外の多電子系は水素原子のシュレディンガー方程式を解いて，水素原子に固有の波動関数（つまり水素原子のオービタル）を使って近似的に表すしかない．つまりエネルギーのいちばん低い 1s オービタルから順番に，パウリの排他原理*やフントの規則*に従って電子を埋めていくのである．しかし実在する多電子系では，電子で占められたオービタルは相互に影響を及ぼすから，そのままの形で存在することはない．だから，たとえば教科書を見ると，窒素原子の電子配置は $(1s)^2(2s)^2(2p)^3$ と書いてあるが，これはごく粗い近似にすぎないのである．そもそも電子を特定のオービタルに割り振るというのは古いボーア理論との折衷案で，電子は互いに区別できないというパウリの排他原理に矛盾している．

　量子力学が登場してボーアモデルのオービットは純粋に数学的なオービタルにとって代わられた．こんにち水素原子を厳密に解いて得られるオービタルの実用上の価値は，いろいろな原子や分子の波動関数を組み立てるための基底関数として利用すること以外にはない．このようなわけで，オービタルが見えたという話はそもそも原理的に有り得なかったわけだが，理論の数学的な含意よりも直感に訴えるモデルのほうに引きずられやすいので，こういうことが起こるのである．いまでもこの*Nature*の論文と同様の報告があちこちの雑誌に載っているのを見ることがある．過去には単純ヒュッケル分子軌道法[*]をベンゼン系炭化水素以外の化合物に適用して，世界中で膨大な時間とエネルギーと紙を浪費したことがあった．そんなことが10年近くも続いたというのだから驚きだが，似たような事件は繰り返しあちこちで起きている．デュワーの教科書にも混成軌道概念を使って分子の吸収スペクトルを計算した例が紹介されている[4]．どうして同じような間違いが繰り返されるのだろうか．

化学独自の解釈も有り得るが…

　オービタルに話を限定すれば，化学の議論にでてくるオービタルと，量子力学の議論にでてくる厳密な意味でのオービタルを同じものだと考える必要はない，という意見もある[3]．化学の理論や概念は何もかも量子力学に還元できるわけではなく，（たとえば酸・塩基のように）現象レベルで定義され，その定義や解釈によって化学のなかで通用している概念も少なくないからである．そうだとしたら，オービタルも（条件づきにせよ）化学独自の解釈でよいのではないか，というのである．

　実際，教育現場では，意識的かどうかはわからないが，そのような立場でオービタルを使っていることが多い．先ほど窒素原子の電子配置の話をしたときに，バスや電車の座席に乗客を一人ずつ座らせていくようにオービタルに電子を割り当てるのは厳密には間違いだと述べたが，厳密さに欠けるという理由だけでこういう記述を認めないとしたら，入門コースの学生に多電子系の電子配置を説明することなどほとんど不可能である．いやそれどころか，電子配置という概念すら意味をなさなくなってしまう．もちろん周期律や反応機構を電子的に説明することもできなくなる（日本化学会の口頭発表でも，

大学院生らしき発表者が，金属原子の空の 3d オービタルが電子で満たされた 2p オービタルと重なって，といった説明をしているのを見かける．教育現場で化学独自のオービタル観が成立している証拠である）．

　現状追認ではないが，化学独自のオービタルを認めようというのは，経験的な事実を重んじる化学らしい柔軟性と実用主義の現れである．ただ，そうなると，オービタルとはいっても，実態は限りなくボーアモデルのオービットに似たものになる．だからイメージしやすいし，それだけ概念的な道具としての利用価値も向上する．こういう概念は適用範囲をわきまえて使うなら問題はないが，上で述べた混成軌道や単純ヒュッケル分子軌道法と同じで，生半可な理解で使うと適用範囲を逸脱してたいへんなことになる．先の論文の原著者たちが生半可な知識しかもたなかったとは思えないが，現実は上で述べた通りである．

仮象を避けてモデルを適切に用いること

　分子と聞けば誰でも化学構造式を思い浮かべるだろう．構造式は化学反応の知見をまとめた地図のようなものだから，分子を設計したり分子の性質や化学反応性を検討したりするには便利で，経験的に見て妥当でもある．だから実在の分子も構造式で表されるような構造をもっているだろうと考えがちだ．しかし経験的に妥当なモデルが実在を正しく表している保証はない．プトレマイオスの天動説がいい例である．プトレマイオスのモデルは，惑星の動きに関する限り，観測データを驚くほどよく再現できていた．だから暦を作成したり農作物の植えつけ時期を決めたりするのに役立ったのである．しかしその正確さは見かけのもので，実際の惑星の運動はプトレマイオスのモデルとは違ったのである．

　量子力学は物質を構成する基本的な粒子間に働く力の作用に注目し，原子や分子のエネルギーを演繹的に導く．原理的には関係のあるすべての粒子について波動方程式を解けばよいのだが，残念ながら厳密な解は水素原子以外では得られない．だから実用上はさまざまな仮定を置き，近似解を求めるのである．要するに，構造式で表されるような古典的な分子像も，量子力学計算から導かれる分子像も，どちらもそれなりによくできたモデルではあるが，それ以上のものではないということだ．直観ではとらえられないものを扱う

には，必要に応じて適当なモデルを選ぶしか方法がないのである．

　オービットやオービタルも話はこれと同じである．構造式と同様に，これらも化学的な知見を説明するモデルにすぎない．それを撮影したというのはカントのいう超越論的仮象*に陥っている証拠である．目の錯覚なら（たとえば地平線の近くにある月が大きく見えるとか，遠くの水平線が手前の海岸線よりも上に見えるとか），誰でもこれはおかしいとすぐに気づくだろう．判断力という番人が見張っているからである．ただ思い込みが強すぎて判断力の制止が効かなくなると，主観と客観の境界が曖昧になり，主観的なものがあたかも実在のように見えてしまう．こうして超越論的仮象が生じるのである．

　それにしてもなぜ性懲りもなくこのような仮象が生じるのだろうか．理性はその性として好奇心が旺盛で，なぜだろうと問うことをとめられない．これが知識を広げたり物事を深く掘り下げたりする原動力になるから，必要ではあるのだが，度を越すと現実と幻想の区別がなくなってしまう．そのような状態にカントは注意を喚起したかったのだろう．カントは宇宙の果てとか世界のはじまりといった例をあげて，こういう思惟は科学的に真偽を確かめられないから，無意味だと述べている．最先端の科学ではこれとは違う見方もできるかもしれないが，少なくともオービタルに話を限定すれば，これを撮影したと主張するのは間違いなく超越論的仮象といえるだろう．

第 11 章

化学は物理学に還元できるか

　「いまや物理学の大半の部分と化学の全分野を説明する数学理論の基礎となる法則は完全に解明されている．ただ一つ難点をあげるならば，これらの法則を厳密に適用すると，式が複雑になりすぎて解けないことである」[1]．

　もしも科学をより応用的なものとより基礎的なものに分けられるとしたら，前者の理論や概念は後者のそれによって説明できる，つまり前者は後者に還元できると考えてよいだろうか．物理学は物質世界を支配する基本的な力や量やそれらのあいだの関係を明らかにする．ならば，本来的に個別具体的で応用的でもある化学は物理学に還元できるのだろうか．この章では「還元」という言葉の意味やニュアンスも含めて，この問題を考えてみたい．

社会生物学は「還元」の失敗例

　どこかで謎の肺炎が流行する．やがてそれが新型のコロナウイルスによるものだと突きとめられる．肺炎の原因をウイルスに帰着させたわけだが，ウイルスのほうが肺炎よりも本質的ということはないので，これは還元ではなく原因究明である．

　一方，X染色体の特定領域に異常をもつ男性は攻撃的で，衝動的に犯罪を起こしやすいという主張はどうだろうか．こういう人はモノアミンオキシダーゼという酵素の活性が低下しており，脳内のセロトニンレベルが上昇してREM睡眠が妨げられる結果，衝動的に犯罪を起こしてしまうという．犯罪というのは複雑な背景をもつ社会現象と見るべきだが，この説明では犯罪者の性格や問題行動を特定の遺伝子の働きによって説明しようとしている．

　男も女も年頃になれば，異性の気を引くためにいろいろ工夫を凝らす．た
とえば若い男性がスポーツカーに乗ってナンパに出かけるとしよう．移動手
段としては自転車でも電車でも，あるいは軽トラックでもいいはずだが，ま
さか軽トラで，ヘイ，そこのカノジョ！というわけにはいかないだろう．な
ぜか？

　かつて一世を風靡した社会生物学*の主張するところによると，こういう
場合のスポーツカーは単なる移動手段ではなく，「拡張された表現型」だか
らである．動物は一般にオスのほうが色も形も美しく，ダンスを踊るのもオ
スである．目立つ表現型*をもつオスはメスの気を引きやすく，子孫を残す
確率が高くなる．この説明を少しだけ飛躍させれば，若者の派手なスポーツ
カーはクジャクの尾羽や鶏のトサカの代用品，という論も成り立ちそうであ
る．スポーツカーに乗ってでかける目的がデートやナンパであるとしたら，
この類推には説得力がある．人間の行動は複雑そうに見えるが，突き詰めれ
ば本能のレベルで説明できる，つまり遺伝子に還元できるというわけである．

　もっともらしく聞こえるが，本当にそうだろうか．たとえば次のような状
況を想像してみよう．カッコいいスポーツカーのおかげで若者は複数のカノ
ジョを得ることができた．それはよかったのだが，そのうち，あっちやこっ
ちのカノジョから責任を取ってほしいと詰め寄られる．生まれてくる子の父
親としての責任である．動物の世界なら，責任を取るかどうかは別にしても，
いっぺんにたくさんの遺伝子を残すことができたのだから，こんな喜ばしい
話はない．しかしこの若者の場合はそうはならない．そもそもナンパの目的
はカノジョを誘って楽しく遊ぶことであって，子孫を残すことではないから
である．もしこの若者のような状況に陥ったら，たいていの人は自分の軽率
なふるまいを後悔するだろう．

　人間は本能に突き動かされることもあるが，社会生活ではむしろ特定の集
団に存在する行動の鋳型のようなものに従っているように見える．毎朝歯を
磨くとか，茶碗を手にもってご飯を食べるとか，制服を着て学校へ行くとか
は，その都度自分の意思で決定しているわけではなく，パターン化された行
動様式に無意識に従っているだけである．このような行動パターンの全体を
文化（人類学的な意味での文化）という．若者の派手なスポーツカーを拡張
された表現型と見ることもできるかもしれないが，ナンパも，そのためにス
ポーツカーに乗るという行為も，ある特定の社会集団を前提としてのみ成り

立つもので，そんな行為はまったく意味をなさない集団もあるだろう．つまりそれらは純粋に本能的なもの（生物学的形質*）ではなく，特定の文化のなせるわざ（文化的形質*）なのである．

　人間の社会化された行動や社会現象の場合，遺伝子は唯一の根源的な説明原理ではない．遺伝子から人間の行動を演繹することはできないので，社会生物学は最初から失敗するほかなかったのである．

　そもそも社会現象を本能や遺伝子の働きに還元するなど，あまりにも突飛な話のように見えるが，考えてみると，もし「愛」や「恋心」のようなつかみどころのないものが遺伝子や DNA という実在する物質の働きに還元できたら，この世界も人生も単なる夢や幻ではないといえそうで，それはそれでうれしいかもしれない．どうしてそうなるかを簡単には説明できない出来事のしくみがわかって安心したという経験は，誰にでも一つや二つはあるだろう．目に見えない原子や分子を探し求める心理も同じようなものかもしれない．このような哲学的信条はマテリアリズム*とか物理主義*とよばれる．科学的実在論の根底にもこういう心情があるだろう．自然科学の研究は科学的実在論*を前提にしているように見えるが，人類学が文化を抜きにしては語れないという事実は，この前提にはまだ検討の余地があるということを示唆している．

「還元」の背後にプラトンの本質主義

　自然現象も社会現象も，数多くの要因に支配されている（だから実験をするときは，問題を明確にして，考慮すべき要因を限定する必要がある）．一口に天然物といっても，アルカロイドやテルペンなど多様な化合物群があるように，自然現象も社会現象も雑多な出来事の集まりである．したがって自然科学も社会科学も，数学のような論理的一貫性はない．天然物化学の総説集などを見ると，まるで切手のコレクションでも見ているような印象を受けるくらいだ（世の中には生理活性物質一覧みたいな趣味的なデータ集があり，構造式や CG 画像のほか医薬品としての用途や合成文献まで載っていて，手もとに置いておくだけでリッチな気分になる）．だから，一つの科学をまるごと，より根源的な別の科学の言葉で説明するのは難しいだろう．社会生物学が成功しなかったように，このような還元が成功する見込みはあまりない．

　そうだとすると，熱力学を統計力学に還元できたことは，むしろ例外的な成功例といえるかもしれない．熱力学は圧力や体積や温度など観察可能な変数の関係を扱う．統計力学では熱の本質を気体の分子運動ととらえ，これらの変数のあいだに成り立つ関係を演繹的に導く．熱力学は原子や分子の存在を仮定しなくてもできるから経験論である．統計力学はこれに実在論的な根拠を与えたと見ることができるから，この事例は還元主義の理想の形といえるだろう．このようなこともあるからか，この話は科学的な説明のモデルとしてしばしば取り上げられてきた．科学的な説明はかくあるべし，という見本である．

　しかしなぜ科学的な説明は還元的になされなければならないのだろうか．またなぜこのような説明様式を「還元」とよぶのだろうか．還元という言葉はもとに戻ること，つまり物事の本質に還ることである．とすると，目に見える現象は本質ではないということか．本質は見えないどこかに隠れていて，それを見つけだして語らせることが科学だといっているようである．しかしもちろん熱力学も立派な科学であり，現象レベルで見れば科学的な説明を与える．

　この話はプラトンのイデア*を思いださせる．プラトンにとって実在はイデアの世界にあるもので，私たちが見たり触れたりできる現象の世界にはない．紙に描いた三角形は，どんなに注意深く描いても，よく見るといびつだったり角が開いていたりして，そもそも幅のない線など引けないので，厳密には三角形ではない．真の三角形はイデアとしてある．プラトン自身は次のようなたとえ話でこれを説明した．「洞窟の寓話*」として有名な話である．現象界しか見ることができない私たちは真っ暗な洞窟に囚われた囚人のようなものである．囚人は鎖でつながれていて，壁に映った影しか見ることができない．囚人の後ろでは火が焚かれており，焚火と囚人のあいだには人形遣いがいて，操り人形を動かす．人形が動くと，焚火の灯りに照らされて，壁の上で人形の影が踊る．囚人たちはその影を本物と信じて見ている．紙に描いた三角形は，まさに洞窟の囚人が見る壁の上に映った影のようなものである（図 11.1）．

　真にあるものとしての実在は変化したり消滅したりしない．つまり普遍的であるから，これは本質といい換えてもよい．プラトンによれば，本質はイデアであり，見ることも触れることもできない．限りある存在である人間に

図 11.1　プラトンの「洞窟の寓話」

見えるのは現象だけであり，それは実在の影にすぎない．こういう考え方を本質主義 (essentialism) とよぶとすれば，本質主義は——批判的な見方をすれば——プラトンの偏見といえるかもしれない．プラトンの哲学はキリスト教神学にも多大な影響を及ぼし，プラトンのイデア界は教父アウグスチヌスによって「神の国」に，現象界は「地の国」に形を変えた．キリスト教信仰にとって「神の国」は究極の理想郷であり目的地である．とすれば，現代の宗教ともいえる科学がこれ（隠された本質，非経験的な実在）を目指すのは当然といえるかもしれない．

「還元」ではなく「翻訳」ではどうか

　もしこのような文化的なバイアスがなかったら，熱力学を統計力学に還元するという代わりに，たとえば熱力学は統計力学の言葉に「翻訳」できるとか，単に熱力学に異なる説明を与える，ということもできたのではないだろうか．むしろそのほうが，広い視野が得られるような気がする．

　実際，酸と塩基を水素イオン H^+ と水酸化物イオン OH^- で説明するのは単なるいい換えであって，還元ではない．もともと酸・塩基は 1 分子では定義できないから，H^+ や OH^- で説明しても根源的な実在に還元したことにはならない．元素の周期律を電子配置を使って説明するのも，化学の言葉を量子

力学の言葉に翻訳したと考えたほうが実情にあっている．というのも，元素の性質はいろいろな化合物の性質から抽象されたもので，周期律は化学的な推理の賜物だからである．電子配置を見れば元素の性質が段階的に変化することは理解できる．しかし，だからといって元素の性質まで電子配置から演繹できるわけではない．確かにいえるのは，元素周期表の元素の位置と量子力学計算とが矛盾しないことだけである．

　物事を理解するには自分の言葉に置き換えること，つまり翻訳が必要だ．外国語文献を母国語に翻訳しようとすると，どうしても母国語に置き換えられない言葉がでてくる．まったく異質な，共有されていない概念は翻訳できないのである．そういう言葉や概念は互いの文化の特徴を知るきっかけになる．同様に，「還元」から「翻訳」に視点をずらすことで，説明原理を支える暗黙の前提に気づく機会が得られる．有機化学と量子力学の関係を見れば，このことがよくわかる．

　有機化学の分子は原子（元素）と化学結合からなり，構造式や分子模型で見るような形や構造をもつ．この分子像は幾世代にも渡って蓄積された化学的な知見から導かれたものであるから，化合物の性質や反応を理解したり説明したりするのには便利である．一方，量子力学では構成粒子の運動エネルギーやポテンシャルから分子の全電子エネルギーを計算する．すべての粒子の寄与を同じ重みで評価すること（第一原理計算[*]）はできないので，計算にはさまざまな近似が使われる（これには有機化学の経験的な知見も含まれる）．ところで，もし第一原理から分子を計算できたとしたら，有機化学の分子像を裏書きするような結果が得られるだろうか．

　残念ながら，答えはノーである．核磁気共鳴やX線回折などの分析データが量子力学計算によって高い精度で再現できていることからすると，分子の物理学的な性質に関する限り，量子力学計算はすでに満足すべき精度を実現できているといえるだろう．にもかかわらず，有機化学の古典的な分子像を演繹的に導くことはできない．計算方法を工夫して原子を再現した例はあるが，そうすると今度は化学結合が消えてしまう[2]．要するに，分子の量子力学計算に原子や化学結合は不要なのである[3]．しかしもちろん，化学にとって原子や化学結合はなくてはならないものである．

　冒頭のディラックの予想に反して，化学を量子力学に還元することはできないが，このことを否定的に受けとめる必要はない．むしろ両者のあいだに

翻訳できない概念が存在する意味を積極的に評価し，両者の関係を相補的なものととらえればよいだろう．同じ一つの対象を異なる言語で記述できるということは，たとえ部分的に翻訳できないところがあっても，むしろ理解に幅ができるし，偏った見方を是正するチャンスも得られる．「還元」という言葉からはこのような開放的で民主的な関係が感じられない．

第12章

理想気体の
もう一つの理想

男らしさ，女らしさは当たり前か

　夏の暑さが年々厳しさを増して，8月になると熱中症情報はほとんどの地域で連日「危険」，日によっては「厳重警戒」である．近年は「災害レベル」という言葉まで登場した．対策をしないではいられない．パナマハットは有力な選択肢ではあるが，そんなものを被って出かけるとしたら，行き先は大学ではなく海辺のリゾートであろう．どうしたものかと思案していると，家内が日傘を差せばよいという．暑さがぜんぜん違うらしい．なるほどそういうものかと，男性用のお洒落な日傘を探したが，適当なものがなかなか見つからない．デパートもスポーツ用品店も雑貨店も趣味の店も，思いつく限り探したが，自分にあうものがない．口髭でもたくわえた小洒落た紳士ならよいかもしれないが，自分には無理そうだ．だいたいほとんどの男性用日傘は大きすぎる．したがって重い．ビーチパラソルかといいたいほどである．けっきょく，自分が差しても様になりそうな男性用の日傘は見つからなかった．ところが後日，近所のスーパーマーケットで，柄がやや細いほかはいつも使っている雨傘と大差ないデザインの，しかも晴雨兼用の日傘が置いてあるではないか．婦人用はバリエーションが豊富なのだ．

　最初は自分でも気恥ずかしいし学生たちも茶化すので困ったが，次第に容認する発言が聞かれるようになり，徐々に夏の風物詩として定着した．それにしてもなぜ男性用の日傘はこれほど少ないのか．もちろん，これまで需要が少なかったからであろうが，数が少ないから自分にあうものが見つからない，だから需要が伸びないという悪循環もあるのだろう．婦人用でもいいで

83

はないかといわれるかもしれないが，レース飾りのついた小さな日傘はさすがに憚れる．

　ネット上で傘専門店をのぞいてみると，紳士用はステータスシンボル，婦人用はファッションアイテムと，コンセプトがはっきり分かれている．男性は大きくて立派な傘を，女性は小さくて可愛い傘をもつべきだという．道理で見つからないわけである．ただ当方にはそんなステータスも思い入れもない．傘は軽くてコンパクトなほうが邪魔にならなくてよいと信じている．こういう人間にはまだまだ生きにくい世の中である．

　生きにくいといえば，コロナ禍の 3 年間はいつでもどこでもマスクなしでは過ごせなかった．使い捨ては便利だが，毎日となると，やはり洗って何度でも使えるタイプのほうが経済的である．布やウレタン製は効果が薄いというが，相手がウイルスではどちらにしても防ぎようがない．それに，色あいや図柄の面白さで選ぶなら，やはり布製であろう．いつだったか，赤い花柄のマスクをして電車に乗ったら，向かいの席のサラリーマンから熱い視線を浴びた．羨ましそうに見ていたと家内に報告したら，あちらの筋の人だと思われたのだろうと，冷めた論評が返ってきた．

　Ｔシャツやアロハシャツなら男でも赤や花柄でもさほど違和感がないが，マスクとなると話が違うようだ．他の国はどうだろうと注意して見ていると，アメリカの政府関係者が真紅のマスクを着けて記者会見に臨んでいるのを目にすることがあった．ただそのアメリカでも，トイレの色分けは女性が赤，男性は青か黒が主流のようである．ところがフランスへ行ったら，色分けがない．これには驚いた．いや，正直いって途方に暮れた．というのも，色分けがないだけでなく，ピクトグラムも男女で見分けがつかないほどよく似ているのだから．おまけに男性用のトイレもほとんどが個室で，男性用の小便器は二つか三つしかない．しかもかなり背の高い人でないと使えないような代物である．アメリカから来た友人も苦笑していた．

　もっと驚いたのはイタリアである．トイレに男女の別がない！　もちろん日本でも小さな喫茶店などではトイレが一つのところもある．しかしこれは数万人の学生が通う大学の話なのだ．よくこれでやっていけるものだと感心したが，順番待ちの間も楽しそうに議論する男女を見ると，彼我の差を思わずにはいられなかった．

　ジェンダーのとらえ方は国ごとに大きな違いがあるようだ．そういう違い

を目の当たりにすると，自分が日頃当たり前と思ってしていることが決して
そうではないことに気づかされる．いや，それどころか，非常に偏った見方
をしていることも少なくないような気がするのである．

理想気体のジェンダーバイアス

　化学にせよ物理学にせよ，自然科学は客観的な事実や事実間の関係を扱う
から，ジェンダーのような話は自分には関係がないと思っている読者も少な
くないのではないか．本当にそうだろうか．もしかすると，ジェンダーなん
て自分には関係がないという，その思い込みがすでに偏ったジェンダー意識
の現れかもしれないのである．以下では理想気体*を例にお話ししよう．

　気体の温度，圧力，体積のあいだの関係は状態方程式で表される．そして，
状態方程式とくれば，誰でもまず理想気体の状態方程式を思い浮かべるだろ
う．しかしなぜ理想気体なのか？　日常会話で理想と現実というと，たいて
い理想と現実は違う，理想はそうだが現実はそんなものではない，というよ
うな話になる．気体でも，実在気体*は理想気体のようにはいかない（つま
り状態方程式に従わない）．だから現実はダメだとか実在気体は不完全だと
いう話にはならないはずだが，ご存じのように，完全気体と不完全気体とい
う表現もある．こちらのほうが理想と現実の格差が一層助長された感じがす
る．どちらにしても，理想気体のほうが標準で，実在気体のほうはそれより
劣ったもの，本来の姿から外れたものというニュアンスが感じられる．読者
も，「理想気体のように振る舞う優秀な気体」であるとか，「理想気体からの
ズレがひどい」といった表現を目にすることがあるだろう．理想気体を標準
とすると，実在気体をなんとかしてこちらに近づけるように努力しなくては
いけない．事実，そのような工夫がいろいろ考えられている（たとえば圧縮
係数）．

　化学でも物理学でも，理想状態のような仮想の世界を考えて，いろいろな
変数のあいだの関係を数学的に表現する．この仮想世界では現実の自然現象
に見られる複雑で不確実な要因が排除され，本質的な関係だけが露わになる．
理想状態というのは単純化や抽象化を行って得られる一種のモデルである．
そんなものは思考実験の中にしか存在しない．たとえば質量だけあって大き
さのない質点や，引力も斥力も働かない粒子などからなる力学の世界と同じ

である．理想気体の状態方程式はこのような仮想の世界で成立する温度と圧力と体積の関係にほかならない．SFである．こういうと抵抗があるかもしれないが，科学理論にはSFのようなところがあるものだ．ただ怖いのは，最初からこういう話に慣れてしまうと，それが当たり前になって，フィクションをフィクションとは思わなくなってしまうことである．質点とか理想気体といわれても，疑問も違和感もなくなってしまう．感動もしない．しかし批判的な目で見れば，それは数ある方法の一つにすぎないのである．数ある選択肢のなかからこういうモデルを選んだということは，それはそれで驚きに値するのではないだろうか．

　第11章で話したように，古代ギリシアのプラトンは，人間が知り得る現象の世界はイデア*の世界のコピーであり，壁に映った影絵のようなものだと考えた．イデアは存在し得るものや関係の原型であり，それに対して経験的に知り得る具体的な物や関係はそれらの不完全なコピーにすぎない（たとえば長さだけがあって幅をもたない線分で囲まれた三角形と，鉛筆で紙に描かれた三角形の違いである）．完全気体と不完全気体という表現には，理想状態こそが本来の姿であり，現実はそれに比べて不完全な状態だというニュアンスがある．まさにプラトンのいうイデア界と現象界の対比である（近代科学が成立する過程では伝統的なものの見方に対する旺盛な批判精神が働いた．しかし，プラトン哲学のような西洋文化の底流をなす考え方は簡単に別のものに置き換えられることがなかったのである）．

　プラトンの本質主義（essentialism）*には前章でも触れたが，プラトンはすべての事物にはそれをそれとして成り立たせるために不可欠の本質があると考えた．人間がイヌやネコと違うのは，人間には人間固有の本質があるからである．しかも，魂と肉体を区別するように，本質は素材から切り離して考えることができるという．本質は形相（form），素材は質料（matter）とよばれ，弟子のアリストテレスに受け継がれた．アリストテレスは形相と質料は不可分と考えたが，時代を下ってデカルトまで来ると，再び本質が素材から切り離されて心身二元論*がでてくる．デカルトの心身二元論ではっきりしたように，本質主義は理性的なものと感覚的なものを両極とする二元論である．理性を象徴するのは神（西洋の理性神）であり，それは理性的な存在とされる男性に通じる．一方，感覚的なものの代表は女性で，感覚は理性を曇らせるから，そうならないように理性によってコントロールしなくては

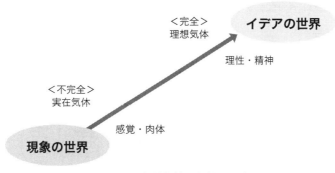

図 12.1　本質主義の価値の尺度

ならない．本質主義は理性的なもの（男性，イデア界）と感覚的なもの（女性，現象界）を区別し，前者を上，後者を下に見る価値観と表裏一体なのである（図 12.1）．

自然科学も社会や文化的伝統と無関係ではない

　自然科学は主観に左右されない自然が研究対象だから，特定の価値観や偏見に支配されないと考えがちである．自然科学の研究は，方法論が間違っていなければ，誰がやっても同じような結果に到達することが約束されている．それは公平で客観的な世界であると思われている．理系は，化学でも物理学でも，男女の社会的役割のような難しい問題を気にする必要がない，だから理系を選んだという人もいるだろう．しかし前述のように，自然科学の根っこの部分に目を向けると，このような能天気な考え方には根拠がないことがわかる．また，なぜジェンダー論やマイノリティ問題の専門家の批判が自然科学に向けられるかもわかる．最近の研究で，いろいろな科学理論の形而上学的前提にジェンダーバイアス*が存在することがわかってきたのである．

　理想○○という仮定は，西洋社会の自民族中心主義*や，中産階級の白人男性を頂点とする差別的で抑圧的でもあるような価値観と結びついている．ということは，理想気体というモデルを特段の抵抗もなく受け入れている化学は，こうした価値観を容認しているのではないか，そんな指摘をする研究者もいる[1]．もちろんこのような主張には賛否両論があると思う．ただ自然

科学と社会科学の関係を例示する面白い研究であることに異論はないであろう．この論文をはじめて見たとき，こんなふうに化学を見ている人もいるのかと，いたく感心したことを記憶している．

　どんな科学も，見方と見え方の問題と無関係ではいられない．そしてものの見方というのは，プラトンがそうであったように，社会や文化的伝統などから影響を受ける（プラトンが活躍したのはアテネが絶頂期を過ぎて衰退に向かう時期と重なっている．本質や普遍的なものを志向したプラトンに，そうした社会情勢がまったく影響を及ぼさなかったはずはない）．人間の主観とは独立に存在する自然が研究対象でも，科学は人間の営みであり，人間の営みであるかぎり歴史や文化の影響を免れることはできないのである．

　プラトンは物の本質はイデアであり，イデアこそ実在であると考えたが，これとは反対に，イデアや仮説的なものはいっさい認めないという人もいる．これはこれでやや極端な考え方かもしれないが，経験の範囲で確認できる事物以外は信用しないというのが経験論*の信条である．これが極端だというのは，検証や論証を重視する姿勢は評価されなければならないが，ただそうはいっても，真偽はいったん棚上げして，いろいろな可能性を検討してみるという姿勢も科学には必要だと思うからである．経験論を厳格に適用したら，目に見えないもの，とくに分子構造のように状況証拠からつくられた概念は認められなくなってしまう．そうなったら，化学はやっていけないだろう．化学だけではない．自然科学は目に見える現象や，現象のあいだに見られる規則性を記述するだけの営みになってしまう．理論的な存在を仮定してみて，それで説明できるかどうかを考えるといったことも許されなくなってしまう．光の媒体として存在が確信されていたにもかかわらず，最後には間違いとわかったエーテル*のような例もあるから，経験論が熱狂的な支持層をもつのもわからなくはない．しかしだからといって保守的になりすぎては科学の発展も人類の成長もない．そうなっては科学を支える哲学としては自己矛盾である．ジェンダー論の研究者の目に，感覚知覚を絶対視する経験論の世界はどう映るのだろうか．

第IV部

哲学の問題を化学から見ると

科学の哲学は物理学や数学の視点で語られることが多く，科学は主観とは独立に存在する客観的実在（これを所与の「世界」とよぼう）を解明すると考えられてきた．一方化学は，新奇な物質を合成し世界を創造する．この独自の営みは科学の哲学に新たな視点を提供する．

第13章

経験論と
分子科学

はじめまして

写真より
カワイイ…

視覚は人を欺く

　百聞は一見にしかずという．自分の目で確認すれば疑いようがないし，安心できる．帰宅する前に実験室の電源や水道のまわりを自分で確認しないと気が済まないという人も少なくないだろう．このようにいう私もその一人だが，一回では不安で，念のためにもう一回，ということもよくある．この手の安全確認は目で見るだけでなく，五感を総動員してやっているに違いない．というのも，どこかで焦げ臭い匂いがするとか異常な物音がするとか，少しでも普段と違うところがあると，気になって原因を突きとめるまでは帰れないからだ．そもそも化学の実験は五感を活用してはじめて成り立つものだから，ケミストは「見える」ことだけを特別扱いすることはないだろう．これは職業上の必要性や訓練に負うもので，板前やシェフが味覚や嗅覚に敏感なのと同じである．ただ世のなかを見ると，現代はどうも視覚が他の感覚に優越しているように見える．

　視覚の偏重は一つの，しかも特筆すべき，近代の特徴だと指摘する人もいる[1]．天を突く高層ビルは視覚を刺激する一方で，それ以外の感覚を遠ざける．床には靴音が響かないような素材が張られ，壁面も防音または消音効果が得られるように工夫されている．匂いもしない．こういう環境に慣れると，これが当たり前だと思ってしまうが，古い建築物と比べると違いがよくわかる．バチカンのサンピエトロ寺院を訪れたときのこと，うっかりポケットからコインを落としてしまった．コインが大理石の床を打つ音が高い丸天井に反射して，広い部屋のなかにこだまのように鳴り響いたときは，ほとんど消

えてしまいたいような気分だったが，このときはじめて天井画のもつ演出効果を実感することができた．ここで説教を聞く人は，司祭の声を天井に描かれたキリストや聖人たちの声として聞くことになるだろう．

　触覚や嗅覚と比べると，視覚はより離れた位置から対象をとらえることができる．いい換えれば視覚は人を巻き込まない．だから，他の感覚よりも冷静で，より理性的なのだという人もいる．この主張にどれほど説得力があるかはわからないが，理性を過信すると，主観と客観を混同したり，理性でわかることしか認めなかったりするという意味でなら，逆説的ではあるが，一理あるかもしれない．というのも視覚は人を欺くからである（テレビ，ラジオ，新聞のうち，情報の真偽を見抜くのがいちばん難しいのがテレビだという．逆にラジオで偽情報や誤情報を流した場合は，怪しいと思う人の割合が大きくなるらしい）．視覚から入ってくる情報にはどれだけ注意してもしすぎるということはないのである（新型コロナの感染拡大のさなか，オンライン授業をして逆に場を共有する大切さを実感した．何回でも好きなときに視聴できるオンデマンド教材にはそれなりの評価もあったが，対面授業の代替にはならなかった．実験実習はいうまでもなく，話を聞くだけのような講義形式の授業ですら，単なる情報の提供ではなかったのである）．

化学における経験論

　さて，ここでは経験論のお話をしよう．経験論*の信条を要約すれば，自分の目で見たこと以外は信用するな，である．いい換えれば，自分の目で確認できないことは，判断を留保せよ，である．過激な保守主義のように見えるが，もちろんこのような考え方が支持されるのはそれなりの理由があるからである．

　近代科学が黎明期を迎えつつあった17，18世紀，この主張には大きな意味があった．錬金術*がそうであったように，初期の科学には形而上学的な思弁*が分かち難く結びついていて，何が事実で何が憶測なのか，何が確かな知識で何がそうでないのか，判然としなかったのである．たとえば蒸留や昇華のような純粋に技術的な問題が古代ギリシア以来の原子論*や四元素説*とともに語られることは，少しも珍しいことではなかったし，18世紀でも，著名人の署名さえあれば，髪が蛇でできた男の頭部が卵の中から出てき

たというような話が権威ある医学雑誌に堂々と掲載されていた．形而上学的な思弁や迷信を排除するためには，経験論の主張が確かな指針になったのである．すでに 17 世紀のはじめ，イギリスのフランシス・ベーコンは著書『新機関』（1620）に「事実の記録は自然哲学に確実な基礎を与えるから，その対象となる事実は理想化したり理論的予見によって歪曲したりしてはならず，見た通りに確認され，記録されねばならない」，だから「方法論的に指導され構成された能動的経験」，つまり「実験」が重要だと述べている[2]．実際には，科学から迷信や形而上学的思弁を取り除くのは簡単なことではなかったのである．

　化学に限定すれば，19 世紀の中頃でも分子の実在を信じる人がいる一方で，まったく信じようとしない人も少なくなかった．質量分析計も核磁気共鳴もなかった時代，実験を行って確かめられるのは化学反応のパターンくらいだから，保守的になるのも止むを得ない．化学反応のパターンによって化合物をタイプ分けする「型の理論」（詳細は第 4 章を参照）は，化学における経験論の実践といえるだろう．この主張は実験や観察で知ることができる以上のこと（たとえば分子の形や構造）は知ることができないという一種の不可知論の裏返しでもあった．

経験論の限界

　このような事情を考慮すれば，経験論が少なくとも科学の黎明期には貴重な指導原理として機能したことがわかるだろう．ただ経験論は両刃の剣である．自分の目で確かめたこと以外は信用するなというが，もし肉眼で確認できることしか信じないとしたら，機器分析は意味をなさないだろう．目に見えるのはモニターに映しだされるシグナルや数値だけである．分子は目で見ることができないから，分子を設計したり反応機構を考えたりすることもできない．何が信頼できるかという点に関して，経験論を代表する 18 世紀の哲学者ヒュームは徹底している．ヒュームによれば，自然現象の観察からわかるのはせいぜい出来事の規則性だけである．そこに因果的な結びつきを認めるのは，そう思って見るからであり，事実はといえば，誰も因果関係を実際に見たわけではない．つまりこれは，観察する主体の心理を観察される客体の上に投影したものにすぎない．いわば心理的な悪癖のようなものだ，と

いうのである.

　ヒュームによれば，帰納推論*も，因果関係と同様，合理的な根拠をもたないという．これまでに認められた規則性や傾向がこの先も同じように続くという保証はないからである．まだ実現していない可能性を「見る」ことはできず，自然界の蓋を開けて中身を確認するわけにもいかないので，ヒュームの主張を否定することはできないが，それでもやはり腑に落ちない.

　反論は可能だろうか．次のように考えてみてはどうか．夕焼け空と晴天の関係は漠然と眺めているだけではわからない．しかし，たとえば大気中の水蒸気密度と光の透過率の関係を綿密に調査すれば，両者の関係を説明することはできる．実験を行って夕焼け空を再現することもできるだろう．つまり，重要なのは現象そのものではなくて，現象を引き起こす要因のほうなのである．ヒュームは自然現象を外から眺めているだけだが，現象を引き起こすメカニズムに注目すれば，違う見方もできたはずである.

変わりゆく経験論

　ただそうはいっても，ヒュームの主張にはなお傾聴すべき点が少なくない．たとえば私たちは分子のような見ることも触ることもできないものの形や構造を平気で議論するが，五感でとらえられないものの形や構造を考えることに本当に意味があるのだろうか．目に触れる物には形や構造があるから，分子にも形や構造があるのではないかと，よく検討もせずに決めてかかっているだけではないだろうか．そうだとしたら，ヒュームがいうように，あるいは後にカントが超越論的（あるいは先験的）観念*とよんで注意を喚起したように，主観の創造と主観の外にあるものを混同しているだけかもしれない．実際，ケミストが想像する分子構造と，実在の分子の構造（もしあれば，の話だが）の関係は，こんにちでもなお議論の絶えないホットな話題である[3).

　経験論は常に立ち返るべき確実さの土台である．肉眼で見えるか見えないかということにこだわりすぎると，「見える」と「見えない」の線引きが問題になる．もし両者のあいだに明確な境界線を引くことができないと，経験論の前提が崩れてしまうことにもなりかねない[4)．たとえば植物標本を調べる場合を想像してみよう．まずは肉眼で観察する．肉眼でもいろいろな情報が得られるが，もう少し細かなところを見たいとなれば，虫眼鏡で見るだろ

う．いやもっと詳しく見たいということになれば，光学顕微鏡か，目的によっては電子顕微鏡も有り得る．いずれも「見る」には違いないが，単純に「見た」といえるのは虫眼鏡までだろう．光学顕微鏡は，低倍率なら肉眼や虫眼鏡で見るのと大差ないが，倍率を上げると微妙な話になる．光学顕微鏡は倍率が高くても肉眼の延長だという人，いや肉眼とはまったく違うという人，いろいろな意見があるからである．「見える」と「見えない」の線引きは簡単ではなさそうだ．ただ，生物学者なら間違いなく，どれも「見た」というに違いない（科学の哲学*は何らかの意味で科学の実践に貢献すべきだ，だから科学の実践に最大限の敬意を払うべきだという立場から見ると，肉眼で見えるか見えないかということにこだわるのはあまり賢明ではないと思う．もちろんこれとは異なる立場もあるから話は簡単ではない）．

　経験論は，ヒュームがそうであったように，自然現象を外から眺めているにすぎない．メカニズムを考えたら異なる見方もできたはずだが，もしもそれが目に見えない世界に足を踏み入れることになるとしたら，経験論の枠組みを越えてしまうだろう．経験論は手堅い考え方に見えるが，もしも肉眼で確認できる出来事の原因が分子レベルの出来事であったとしたら，目で見て直接確認できる世界だけで話を完結させることはできないはずである．五感を超えた世界（いわゆる実在領域*）を五感の世界（経験領域*）に還元することには異論が多い．いまや分子科学の異名でよばれることも多い化学から見ると，経験論は一つの行動指針としては尊重すべきだが，文字通りに受け取ることは難しそうである．

　目で見て確認することの意味にも吟味が必要である．自分の目に映る物はその通りの姿で存在していると考えがちだが，たとえばイヌは人間とはまったく違う世界を見ているらしい．紫外線を感知する動物もいるくらいだから，この世界の見え方は動物種によってずいぶん違うはずである．となると，世界は見える通りの姿で存在しているという考えは成り立たなくなる．またそうだとすると，「見える」と「検出できる」を厳格に区別すべきだという主張もやや的外れであるような気がする（霧箱*の実験で放射線は検出可能だが，観察可能ではない．だから放射線は経験的に確認できたといえるかいえないか，という問題が一例である）．

　このように，「見える」とか「見えない」というのは字面ほど簡単な話ではない．経験論の本質は実証可能性を尊重することだったはずである．経験

論は実証主義*（ポジティヴィズム）といえる．ここでいうポジティブは明白な，疑いの余地がないという意味で，確かな（英語の certain）と同義である．そして，そのような知識の源泉と考えられたのが観察可能な自然現象，現象と現象の関係，触知可能な物質の性質などであった．実証主義者はこうした手がかりをもとにして，そこから論理的に導かれる結論だけを信頼すべきだと主張する．実証主義が論理的な推論の道具として言語（つまり文法の構造）に関心を向けたのは必然であった．日本語や英語のような自然言語は「この文は嘘である」のような，表面的には有意味に見えても実際はまったく無意味な文をつくりだしてしまうから，正しい推論を行うためには自然言語で書かれた文を論理学の言葉に書き換えなければならない．実際，そうすることで最初は哲学的な問題のように見えていたものが解消されることもある．実証主義から論理実証主義*（ロジカル・ポジティヴィズム）へ，そして分析哲学*へと，経験論は 20 世紀に入って大きな変貌を遂げた．それが進歩なのか，袋小路に迷い込んだだけなのかはわからないが，経験論がたどった道程はアリストテレスの自然学が中世の形式的なスコラ哲学*へ変容していく過程と似たところがあり，興味深い．

科学が守るべき理念

　見えるもの以外は信用するなという経験論の主張は極端に見えるが，前述のように，科学が科学として自立するためにはそれくらいの厳しさが必要だったのである．論理実証主義の失敗で批判の多い経験論ではあるが，経験論はこのような厳しい基準を堅持することで，科学の理念や理想を示しているともいえる．こんにちの科学に黎明期の理念や理想が徹底されているだろうかというと，残念ながら，そうとはいえない例も見られる．たとえば第 10 章で見たように，オービタル*を撮影したという報告が一流科学雑誌に掲載されたりする．オービタルといわずに波動関数*といえばこんな間違いは起こらなかったかもしれないと考えると，正しい言葉遣いこそが真理へ至る道だと説く論理実証主義者の主張は見当外れとはいえないことがわかる．

　どんなに科学が進歩しても勘違いや思い込みがなくなることはない．理性の暴走が止むこともない．経験論は強面の番人として科学を見張っている．

第 14 章

天動説と
分子構造の
共通点

科学的実在論と反実在論

　科学はこの世界の「真実の姿」（いい換えれば主観から独立した客観的実
在）を明らかにすることができるだろうか？　この問いに関する科学的実在
論*と反実在論（経験論*）の立場は正反対である．前者はできるという．
ただ実在論のなかでも，世界は見える通りに存在すると考えるか，それとも
見えるものと実在は違うと考えるかという点で意見の相違が見られる．いず
れにせよ科学は客観的実在を解明できると考えるのが科学的実在論である．
この立場には真理の発見という言葉が似合う．一方，反実在論は知識の範囲
を経験の世界に限定するから，経験の範囲で確かめられないことについては
明言できないという立場である．科学の可能性という観点から見ると，反実
在論の考え方は控えめすぎるようにも見えるが，自然現象の規則性を見いだ
したり記述したりすることは経験の範囲内ででき，またそれこそが経験科学
の基本的な営みであると考えれば，決して科学の可能性を過小評価すること
にはならない．むしろ知識の拠り所として経験を重視するという意味で非常
に堅実な立場だろう．実際，ニュートンもこのような立場をとっていた．「我，
仮説をつくらず」という言葉がそれを表している．

　科学的実在論と反実在論の立場の違いは理論の解釈に一層鮮明に現れる．
前者は，理論には正しい理論と間違った理論しかなく，それを決めるのは人
間の主観でも言語でもなく，主観の外にあるもの（つまり実在）だという．
理論は世界を映す鏡のようなものだから，理論は額面通りに受け取らなけれ
ばならない．これに対して反実在論は理論にそんな重荷を負わせるべきでは

ないという．私たちが経験を通して知ることができるのは五感の世界だけだ
から，理論が客観的実在に的中しているかどうかは確かめようがない．理論
はせいぜい目に見える世界の姿（事物のあいだの関係や規則性など）を表現
するだけだというのである（経験論の言葉では「現象を救う*」という）．

　ケミストの仕事は，分子を設計するにせよ反応を制御するにせよ，実在領
域*への介入をともなうから，ケミスト＝科学的実在論者のように見えるが，
化学熱力学のように現象のレベルで話ができてしまう分野もあるから，ケミ
ストが必ず実在論者でなければならないわけではない．また実在領域に介入
できることが実在論の必要十分条件ということでもない．科学的実在論に
とって重要なのは，理論が実在を正しくとらえていることであって，実在を
意のままに操作できることではないのである．

　科学的実在論と反実在論を比べると，前者はやや能天気で説得力に欠ける
ところがある．それに対して後者は，堅実なのはいいが，科学の実践を置き
去りにしているようなところが見られる．たとえば科学的実在論は客観的実
在がどのようなものなのか，また，したがってそれが科学研究の現実的な目
標になり得るかどうかという点に関して曖昧である．もっと具体的にいうと，
実在が単に目で見ることができないミクロの実体を指すのか，それともプラ
トンのイデア*のようなものなのか，はっきりしない．もしも前者の意味だ
とすると，それを実在とよぶことには無理がある．経験可能な対象ではない
ことと実在は同じではないからである．一方反実在論は，科学の実践がどの
ような意図や見通しをもって行われているかという点をあまり考慮していな
いように見える．たとえば新奇な化学反応の開発を目指すケミストが，反応
機構を想像しないことがあるだろうか．作業仮説のレベルであれ，反応機構
を考慮せずに反応を設計したり改良したりすることはできない．こう考える
と，どちらの立場にも懐疑論や修正主義が存在するのは当然といえるだろう．
以下ではまず，経験論に対する修正主義的なアプローチから見てみよう．

構成的経験主義の主張

　「論理実証主義はかつて哲学の問題を言語の問題にすり替える過ちを犯し
た．しかし今度は科学的実在論が，実在するともしないともわからないもの
に具体的な形を与えるという重大な過ちを犯している」．経験論の代表的論

客ファン・フラーセンは，これまでの実在論争をこのように総括した上で，構成的経験主義こそが両者の欠陥を補う第三の道なのだと主張する[1]．その要点は，

① 科学の目的は観察可能な現象を説明することである．したがって
② 科学理論は現象を救う（to save the phenomena）という意味で経験的に妥当（empirically adequate）でなければならない．

また，どのような理論もモデルとして具体化されるので，

③ 科学の実像は，真理の発見というより，むしろモデルの構築（construction）に近い〔構成的（constructive）経験（empir）主義（icism）という名前の由来〕．
④ 科学的な知識の中身は真理ではなく，モデルの様態である（反実在論的知識論）．

　①と②は経験論の基本的な立場であるから，ファン・フラーセンの独自色は③と④にあるといえるだろう．科学的実在論者からすれば，ひねくれ者の屁理屈に見えるかもしれないが，分子構造について哲学的な観点から検討してみると，ファン・フラーセンのいい分にも一理あると認めざるを得ない．これまでの実在論争では，電子は存在するかといった比較的単純な問題が話題になることが多かった（物理学の研究が単純だといっているのではないことはいうまでもない）．こういう話なら，科学的実在論と反実在論の線引きは簡単かもしれないが，化学結合や分子構造になると，話がやや微妙になる．原子と化学結合からなる分子が構造をもつことは，日頃から分子を設計したり合成経路の探索を行ったりしているケミストの目にはほとんど自明と映るが，分子構造は分子の物理的な性質や化学反応のパターンなど，いわば状況証拠から論理的に導かれたもので，何かを測定して検出されたというようなものではない．「経験的に妥当」ではあるが，ケミストがイメージするような構造が本当にあるかどうか，誰も自分の目で確かめたことはないし，そもそも目に見えないものに構造という概念を当てはめることができるかどうかもわからない．分子のようなミクロの実体になると，五感の世界とは異なる物理法則の支配を受けるから，目に触れる物と同じように考えることはできないかもしれない．シュレディンガー波動方程式から自動的に分子構造が導

かれるわけでもない.

　分子構造は構造式や分子模型を使って表される. これらは実在する分子の特徴をうまくとらえているように見えるが, 分子構造はあくまでも理論的な構築であり, 一つのモデルである. ケミストが考える分子構造はX線画像が示す原子核の空間的な配置とは違う. それはカルボニル基や多重結合などの官能基で特徴づけられた, いわば分子の化学反応性に関する地図のようなものである. 私たちは分子構造を見て, たとえば「この分子は反応中心に隣接して電子供与性の置換基をもつからS_N1型の求核置換反応を受けるはずだ」などという. これはモデルの様態に関する議論の一例であって, 実在の分子がどうなっているかということとは区別して考えなければならない.

　科学哲学の本を見ると, 科学的実在論か反実在論かという二分法で何でも割り切れるような印象を受けるが, 分子構造のような, 経験的な知識に支えられた概念は簡単には割り切れないというのが真実である. 酸・塩基や酸化・還元のような概念も, 突き詰めるとよくわからなくなる. 酸・塩基も酸化・還元も, よく知られた現象を概念的に整理したものだから, 経験領域*ではその意味ははっきりしているが, より基本的とされる何かに還元しようとすると, 玉ねぎの皮を剥くような話になってしまい, 最後には何を実在とするかという根源的な問いに突き当たってしまう. しかしだからこそ, 煮詰まった実在論争にケミストが一石を投じる余地があるといえる.

モデルが妥当ならばいいのか

　それはともかく, 前述の話ででてきた「経験的に妥当」という言葉, これが構成的経験主義を理解するキーワードなので, ここで説明しておこう. 例として天動説について考えてみる. というのも, プトレマイオスが用いた周転円モデル*ほど「経験的に妥当」という言葉がぴったり当てはまる（しかも科学史上有名な）例はほかに見当たらないからである（図14.1）. 周転円モデルは, 地球から天空を見上げているかぎりにおいて, 天体の運行を正確に再現できたので, 地動説にとって代わられるまで, 1000年もの長きに渡って宇宙に関する知識の拠り所だった. 農作業や宗教行事に暦は不可欠だから, 暦の基礎となる天文データには高い精度が求められる. いまのように多種類の分析データを利用できるわけではないから, 天体の運行は最重要の手がか

りだったはずである．そういう実際上の必要
性を完璧に満たしてはじめて「現象を救う」
といえるのであり，プトレマイオスの周転円
モデルはそういう意味で「経験的に妥当」
だったのである．

　実は周転円モデル以外にも現象を救う経験
的に妥当なモデルがいくつも知られていた．
プトレマイオスもそれを認めて，数理モデル
をつくることと宇宙の本質を語ることは別だ
という姿勢を崩そうとはしなかった．知られ

図14.1　プトレマイオスの
周転円モデル

ているかぎりの現象を救うという意味で経験的に妥当でも，新たな現象が発
見されて妥当性が疑問視されたり否定されたりすることも有り得る．経験的
に妥当ということと物事の本質とは切り離して考える必要があるというので
ある．

　経験領域だけで完結していた人々にとって，宇宙は地上から見上げる天空
そのものだった．それ以外の可能性があるとしても，そんなことを想像する
のは四次元空間から見る三次元の世界を想像してみるようなもので，まった
く荒唐無稽なお伽話になってしまうだろう．天動説を受け入れている人々に
とって，地動説は，たとえ聞かされたとしても，お伽話にしか聞こえなかっ
ただろう．知識は受け入れ可能なモデルによってつくられる．モデルが経験
的に妥当であることは，それが知識の拠り所となるために欠かせない条件な
のである．

　ここでもう一度，ファン・フラーセンの主張③と④に戻ろう．これらの主
張のおかげで，彼の現代版経験論は実在論争において比類のない強さを誇る
ことになった．科学的実在論者との論争＊をまとめた書籍もでているが，
たった一人の剣豪を敵に回して大勢が無駄に刀を振り回しているような印象
さえ受ける[2]．なぜそれほど強いのか．答えは簡単で，論理的に曖昧な点を
排除して，守りに徹しているからである．プトレマイオスがそうだったよう
に，経験的に妥当な理論やモデルは現象を救うといっているだけで，それが
唯一の解であるとも真理であるともいっていない．地動説のコペルニクスも，
表向きは自分の考えたモデル以外にも同じくらいうまく現象を救うモデルが
あるという立場だった．こうなると，最初から逃げを打っているようなもの

101

だから，どこから切りかかっても簡単にかわされてしまう（コペルニクスの時代，地動説を唱えることは教会の権威に背くことだから，どんな非難を受けるかわからない．しかしこれはモデルの一つにすぎないといえば，教会の糾弾をかわすこともできたかもしれない）．

　理論を評価するに当たっては，実在論なら実在との関係が決め手になるが，構成的経験主義ではモデルの経験的妥当性がそれに代わる基準になる．確かめようがない真理ではなく，目の前の現象が真偽判断の基準だから曖昧なところがない．そこに強さの秘密がある（科学的実在論は実在との関係に照らして理論の真偽を判断するというが，実在が経験的には確かめられないとしたら，自己撞着に陥ってしまう．経験論者にいわせれば，科学的実在論が追い求めているのは真理という幻想にすぎないのである）．

　ケクレの提案したベンゼンの構造も最初は経験的に妥当なモデルの一つにすぎなかった．また，フランクランドは1866年に化学結合を提唱したが，これはモデル以上のものではないと明言していて，実際，クラム・ブラウンの構造式（1864年）やホフマンの棒球モデル（1865年）からヒントを得ているようにも見える．またそのクラム・ブラウンやホフマンも，自分たちの考案がモデル以上のものだとは考えていなかった．ただ，現象を外から眺めているだけでは気が済まないのがケミストである．分子を設計したり反応を制御したりすることで，ケミストは現象の背後にある実在領域の奥深くまで探りを入れてきた．その結果としてこんにちの化学がある．現代のケミストは分子構造を単なる便宜的なモデルとは考えないだろう．

　ただその一方で，古典的な分子像とは相容れない量子力学的な分子像が存在し，分子のエネルギー計算などにおいてなくてはならない貢献をしているのも事実である．これらはどちらか一方だけが正しいわけでもなく，またどちらか一方に還元されてしまうようなものでもない．経験的に妥当なモデルとしてそれぞれの役割を担っているというのが真実である．実在論に向けられたファン・フラーセンの批判は，簡単には斥けられそうもない．

第15章

科学的実在論を化学から見ると

どちらもボクの肖像画だよ

科学的実在論は物理法則がモデル

　自然界は人間の存在とは独立して，人間の主観とは無関係に成立する自然法則に支配されているように見える．人間の存在や主観とは無関係に存在するものを客観的実在とよぶことにすると，正しい科学理論は客観的実在を正しく表現する——これが科学的実在論の見方である．化学でいえば，たとえば反応式は化学反応を正しく表現している，ということになる．

　本当に反応式は化学反応を正しく表現しているか？　たしかに反応式は反応物と生成物の物質収支を表してはいるが，フラスコの中で起こっていることは必ずしも反応式で表せるほど簡単なものではない．ちゃんと同定できる生成物以外に，よくわからない副生成物がたくさんできてしまうのが普通だ．溶液反応なら溶媒分子も関与しているはずだが，反応式にそこまで書くことはない．

　ノイズを切り捨てて本質だけを取りだしたのが理論だとすれば，たしかに反応式は正しい．反応式にＡ＋Ｂ──→Ｃと書いてあれば，Ｃ以外にもわけのわからない生成物があるかもしれないが，ＡとＢからＣができることに嘘はない．そういう意味でなら，化学反応式は実在の世界を正しく表しているといえるだろう．ただ，実験室で日々私たちが目にすることを思いだすと，科学的実在論のような割り切った見方は，どうも化学には馴染まないような気がする．

　N.カートライトは自然法則には２種類あるという[1]．一つは現象法則で，観察される自然現象の規則性や傾向をそのまま記述したもの．経験式の多く

は現象法則を定式化したものである．現象法則は適用範囲が比較的狭いかわりに現象をよく救う，つまり現象をうまく説明する．ただ，経験式を見てもなぜそういう式が成り立つのかはわからないことが多く，どこまで一般性があるのかということも式を見ているだけではわからない．

　もう一つは基本法則（あるいは理論法則）で，これは理論的に導かれたものだから一般性がある．基本法則はきれいな式で表現されていることが多く，そういう式が成り立つ理由も，式を見れば見当がつくことも多い．ニュートンの運動法則がその代表だ．ただ，摩擦のない斜面やどこからも外力の働かない運動などが実際には有り得ないように，このような法則が成り立つのは理想化されたモデルの中だけである．つまり，理論が必ずしも実在を正しく表しているわけではない．

　カートライトは上のような事情を「物理法則は嘘をつく」という言葉で表現したが，彼女の指摘にはどれくらい普遍性があるのだろうか．化学に当てはめて考えてみよう．いやその前に，そもそもカートライトが例示したような自然法則や理論が化学にあるだろうか．たとえば有機電子論はどうか．隣接する二つの元素に電気陰性度の差があると，電気陰性度の大きい元素が電気陰性度の小さい元素から電子をもらって分子内に電荷の偏りを生じる．これがイオン的な反応の推進力になると考えて，電子対移動という概念で化学反応の経路を予想したり説明したりするのが有機電子論＊である．分子の中の電子は化学結合に局在しているわけではないので，電子対移動という概念は真実を表しているとはいえないが，少なくとも結合生成や結合開裂をともなう反応では，そのように考えてもとくに問題はない（これは結合長や結合角のような全電子エネルギーに依存する性質を議論するときは，真の分子軌道のかわりに混成軌道＊を使うことが許されるのと同じ理由による）．有機電子論は化学反応の経験的な知識とルイスの結合電子対の理論を結びつけたもので，単なる現象法則とも理論法則とも違う．

　ではフロンティア軌道理論＊はどうか．反応する一方の分子の最高被占軌道 HOMO ともう一方の分子の最低空軌道 LUMO に注目すると，両軌道の対称性から起こり得る反応の性質（熱反応か光反応か）や結果を知ることができる．反応に関与する分子軌道のうち HOMO と LUMO しか見ないのは問題だという批判もあるが（実際，この理論では定量的な予想はできない），結合形成や結合開裂をともなう反応ではこれらの軌道の相互作用によるエネ

ルギー安定化効果が大きいので，少なくとも定性的に反応経路を知るだけな
ら何も問題はない[2]．

　有機電子論もフロンティア軌道理論も，カートライトの分類に当てはめる
のは難しそうである．物理学の理論法則は原理から演繹的に導かれるが，化
学ではそのようなことは稀である．実験を前進させるために作業仮説を立て，
それで目的を達成できればよしとすることも珍しくない．化学はできてなん
ぼ，つくってなんぼであるから，物理学とは理論に求めるものが違うのであ
る．

　ちなみに，カートライトは理論に対しては懐疑的だが，クォークや陽電子
など理論的に存在が示唆される実体は実在すると主張しているので，彼女は
実体実在論*といえる．理論に懐疑的な人のなかには，理論を支える方程式
の形式や理論構造の普遍性を主張する構造実在論*の立場をとる人もいる．

批判的実在論の主張

　知るということは対象を発見し，それを概念的に把握することである．知
るべき対象がまずあって，次にそれをどのようにとらえるかということに
なって，物理学だの化学だの，いろいろな科学が分化してくる．このように，
知識とその対象は区別されるべきで，それを再確認しようというのが実体実
在論である．これに対して，たとえば素朴実在論*では，ものは見える通り
に存在すると主張する．知るという行為の主体が対象である世界に巻き込ま
れているので，知識とその対象は区別できていないことになる．批判的実在
論*は素朴実在論に対する批判といえる（知識とその対象を明確に区別した
上で，目に映る世界以外に実在の世界はないと主張するのは素朴実在論では
ない）．

　実験は「実在への能動的な介入」と見ることができる．自然科学の研究に
実験が不可欠であるという事実は，自然という実在が透明ではないこと，つ
まり外から眺めているだけでは知ることができない領域を含んでいることを
示唆する．この領域に存在するものや生起する出来事は感覚的にはとらえる
ことができないが，現象を生じさせる力によって間接的に知ることはできる．
このような考えから，バスカーは次のような存在論的マップを提案する．そ
れは，① 経験領域（empirical domain），② 事実領域（actual domain），

③ 実在（real domain）領域の三つの領域からなる[3]．

　経験領域は五感で知ることのできる事物の領域である．実験したりデータを集めたりといった作業はこの領域に属する．実験するとデータが得られるが，それはデータとして検知される出来事が事実領域で起こっているからである．この場合，私たちがその出来事を経験できるかどうかは問わない．何かが起こっていても気づかないこともあるし，分子のように，そもそも経験できないものもあるからである．私たちにできるのは実験結果を見て，どうしてそのような結果が得られたのかを考えることである．化学反応なら，結合の生成や開裂を生じる分子内の電子密度の変化や分子間の相互作用など，反応機構を考えるとかそのような反応を生起させる力について想像するとかである．これらは実在領域に関する問題である．

　ケミストから見ても，五感を超えた領域の存在を認める批判的実在論の主張は理にかなっているが，まったく問題がないわけでもない．バスカーは人間が実在領域には到達できないことを認める一方で，科学が進歩して精緻なモデルを構築できれば，事実上モデルと実在の区別はなくなるという．本当だろうか．数学的なモデルを別にすれば，モデルは私たちが目にする触知可能な物との類推でつくられる．モデルは抽象的な理論の主張を直感的に把握するためのものだからである．目に見えない分子の世界は分子模型を使えばイメージしやすい．ただ実在の分子は量子力学法則の支配を受けるから，経験領域の類推が妥当であるという保証はない．分子は見方によっては形や構造をもつように見え，別の見方をすると輪郭のはっきりしない電子の塊のようにも見える．どんなモデルも何らかの意味で実在を表しているはずだから，それらを総合するなり最大公約数的な要素を抽出するなりして，直感的に把握できる一つのイメージに収斂させることができればよいのだが，解答といえるようなものはまだない[4]．

　モデルと実在の関係は絵画とその対象との関係に似ているかもしれない．写実的な表現もあれば抽象的な表現もある．どのような描き方でも対象の特徴をとらえることはできる．しかしそれらを一枚の絵に集約させることはできない．もとになった景色や状況を知りたければ，いろいろな絵を見比べて想像をたくましくするしかないのである．分子の実像も，いろいろなモデルが提供する知見を総合し，私たち一人ひとりが想像力をたくましくすることでしかわからないものかもしれない（有機金属を触媒として利用する研究を

していると，金属元素では 3d 軌道が大きく張りだしているので，遷移金属
は柔らかいという印象を受ける．この感覚を分子模型や CG で表現するのは
難しい）．

科学的実在論の弱点

　前述のように，バスカーの批判的実在論も含め，さまざまな科学的実在論
の主張に共通する問題は，モデルと実在の関係が曖昧なことである．理論の
妥当性を見るためには理論値と実験値の一致を見るという方法もあるが，五
感の世界の住人である私たちが抽象的な理論の意味を理解するためにはどう
してもモデルが欠かせない．理論が実在領域の因果関係を正しくとらえてい
れば，モデルはそれを具体的な形で見せてくれるはずだから，理論が妥当か
どうかを直感的に判断できるはずである．科学が十分に進歩すれば，モデル
は実在の様態を可能な限り正確に，しかも私たちが理解できる形で再現して
くれる．だからそれはもはや実在そのものと区別がつかない．バスカーはそ
ういいたいのであろう．

　しかし存在論的マップに示されているように，バスカーは感覚的には知り
えない実在領域の存在を認めるので，前述のシナリオは成り立たない．参照
すべき実在領域を私たちは知り得ないからである．さらに，モデルは感覚直
観の対象だが，実在は（たとえば波動性と粒子性をあわせもつ電子のよう
に）感覚的には理解できないものである可能性がある．このような場合，モ
デルと実在が一致することはない．

　科学的実在論のもう一つの問題は，実在を主張する根拠に関するものであ
る．介入実在論*で有名なハッキングは，たとえば細胞の構造は顕微鏡を見
ながら意のままに操作できるから，肉眼で見えなくても実在を確信できると
いう[5]．もっともな主張に見えるが，実在を確信する決め手は実在領域に介
入できることなのか，それとも介入を目撃することなのか，あるいはその両
方なのか，はっきりしない．

　分子を考えるとわかりやすいだろう．顕微鏡でも分子の内部は見えないが，
分子は構造式で表されるような構造をもつと仮定すれば，意のままに反応を
制御したり，分子に化学的な修飾を施したりできる．この事実から，分子は
本当に構造式で表されるような構造をもつといえるだろうか．

107

　分子が細胞と違うのは，分子への介入は直接的な形では確認できないことである．意図したような反応が進行したことは生成物を見れば間接的には確認できるが，反応しつつある分子を目撃することはできない．核磁気共鳴などを使って反応の動的過程を追跡できることもできるが，機器分析はデータの解釈をともなうから，これは感覚的というより論理的な手続きで，光学顕微鏡で見るのとは意味が違う．

　介入実在論の本質は「介入を目撃する」ことではなく，「原因と結果のあいだの対応関係を確認する」ことであろう．問題は何をもって確認できたとするかである．何もかも経験領域で確認しなければならないとすると，分子のような例では長い因果の連鎖を経験領域までたどってこなければならなくなる．また生成物の構造確認だけでなく，構造確認に用いた機器分析の妥当性を担保する経験的な事実の確認も必要になるだろう．そんなことをしていたら，確認すべき項目がネズミ算的に増えていき，収拾がつかなくなってしまう．

傾向性と分子構造

　さらに傾向性（dispositional property）*のような例を考えると，介入実在論が一般に信じられているほど万能の解決策ではないことがわかる．傾向性とはたとえば壊れやすさとか，もろさとか，可溶性とか，可燃性とかである．ガラス製品は壊れやすいものの代表だが，ガラスの花瓶をテーブルの上に置いておくだけではそれはわからない．不注意に何かをぶつけるとか，誤って床に落とすとかしたときにはじめてガラスの花瓶の傾向性が露わになる．物の大きさや形のような性質と比較すると，傾向性の特徴がより明確になるだろう．傾向性は潜在的な性質で，しかもいったん顕在化したらそれっきり失われてしまうものが少なくない．角砂糖を湯に溶かせば可溶性が確認できるが，溶かした途端にこの性質は角砂糖もろとも消えてなくなってしまう．

　傾向性が実在するかどうかは議論のあるところだが，実在するにせよそうでないにせよ，どうしたらそれを確かめることができるだろうか．この場合，原因と結果の対応関係を見ても何もいえない．故意にガラス製品を床に落としても壊れやすさを証明したことにはならないだろう．いえるのは，落とした（原因），だから割れた（結果），ということだけである．傾向性に対して

介入実在論は無力である.

　このような話を持ちだしたのは，分子構造にも似たようなところがあるからだ. 分子の構造的な側面は分子を設計したり合成したりすると露わになるが，吸収スペクトルの測定など物理的な性質を見てもわからない. あっても気づかないのではなく，特定の働きかけがなければ現れないのだ. 分子構造が傾向性だとしたら，分子構造が介入実在論の手に負えないのは当然だろう.

　科学的実在論は長く議論されてきた割には論拠が脆弱だ. 最大の理由は正体のわからない実在を問題にしていることだが，もう一つの理由として，ほとんどの議論が物理学の分野でなされたことと関係があるかもしれない. 化学の観点から見直してみたら，新たな展開があるかもしれない.

第 16 章

分子は
設計できるか

「分子を設計する」不思議

化学はプラグマティック*な学問だから「できてなんぼ」である. フラスコの中で何が起きていようと, 本当のところは誰にもわからない. それでも, 欲しい物ができれば, 「まあいいか」となるのが化学である.

なぜうまくいくか, だって?　そんな質問は自転車に乗っている人に, どうして倒れないのか, と聞くようなもの. 理由はあるに違いないが, そんなことを考えていたら倒れてしまう. 前に進めばいいのだ.

たしかに, 自転車にどのように力が作用してバランスがとれているのかなんて考えたこともない. 乗れば勝手に体が反応する, そういうものである. 相手を知らなくても操ることはできる. 自転車はそうだが, 化学はどうだろう. たとえば誰も分子の姿を自分の目で確かめたことがないのに, 分子を設計するという. そんな非常識が通るのか. 普通は目に見える物を設計するだろう. 形や構造が見えなければ, 設計しようがない. 相手が分子ではなおのこと. 量子力学的な力の作用を受けるのだから, 形や構造があるのかどうかさえわからない. そう考えたら, 分子を設計するという話ほどおかしな話はない.

分子ははっきりした形や構造をもち, 建物や機械を設計するように設計することができる. ケミストは当たり前と思うかもしれないが, 常識的に理解できる話ではない. つまり, それは当たり前ではないということだ. この章では, 見えない分子を設計するという, この風変わりな行為について考えてみよう. 分子設計はケミストの思い込みにすぎず, 不合理な考えなのだろう

か．それとも見方によっては擁護できるものなのか．逆合成解析*の確立やそれに基づく論理的で効率的な合成プロセスの開発，その応用というべき数々の天然物や人工物の合成など，ここ数十年間に成し遂げられた合成化学の華々しい成果を見れば，これを擁護する論理がどこかにありそうな気がする．逆に，もしも分子構造や分子の設計可能性を認めないとすると，これまでの合成化学の成果は奇跡ということになってしまうだろう．この手のいわゆる奇跡論法*は，それ自体は間違いではないが，問題解決の見通しを与えるものでもなければ理解を深めるものでもない．それは私たちが求めるものとは違う．この章で私たちが見つけたいのは，分子設計を擁護し，合成化学に哲学的な基盤を与えるような論理である．

分子は本当に構造をもつか

最初に一つ確認しておきたいことがある．それは私たちが分子構造とよぶものは，さまざまな化学物質が示す特性（たとえば全体が小さな部分——原子や化学結合や官能基——の組み合わせでできているように見える）を感覚的に把握するための一つのモデルで，実在の構造（もしあれば，の話だが）とは区別して考える必要があるということだ．

有機化学の教科書では分子構造は所与の事実のような顔をしているが，前述のように，そもそも構造という概念は五感の世界，つまり目で見たり手で触ったりできる物を念頭に置いている．感覚を超えた極微の対象でも同じかどうかは自明ではない．ちゃんと確かめておく必要があるだろう．真実はどうかといえば，感覚の世界の常識を感覚の及ばない世界に無批判に当てはめただけで，それが妥当かどうかを検討した形跡すらないのである．

第8章で述べたように，もともと「化学構造」と「物理構造」は厳密に区別されていた．化学的な方法で知られる構造，つまり化学構造は，ジグソーパズルを組み立てるようにして論理的に組み立てられたものだった．しかし構造式や分子模型が普及すると，それらが与える具体的なイメージがそのまま分子構造として定着してしまう．本来は飽和度（いまの原子価）を表す便宜的な記号にすぎなかった「化学結合」が物理的な結合とみなされ，そのまま定着してしまったのと似ている．しかもどちらも経験的には妥当な結果を与えるので，いまやそれらに疑いの目を向けるほうが非常識と見られてしま

111

うくらいである.

　分子構造は実験や観察によって見つけたというものではなく，実験結果を説明するためにいろいろ考えた末にたどり着いた概念というべきものである．歴史的につくられた，といってもよい．感性*や悟性*を総動員して考えに考え抜いた結果だから，カントのいう超越論的観念*1) には当たらないが，元素や素粒子とは性格が異なる（五感の世界と，五感を超えた分子の世界を橋渡しするものは状況証拠以外にはないと見れば，分子構造は超越論的観念だと主張できるかもしれないが，ここではそのような立場はとらないことにする）．それはともかくとして，分子構造が概念的なものだとすると，それは何らかの意味で経験的事実の裏づけを必要とするだろう．そうでなければ，ケミストの勝手な思い込みといわれても反論できない．はたして分子構造を裏づける事実はあるのだろうか．またそれによって分子設計を擁護することができるだろうか．カントの知識論を参照しつつ考えてみよう.

　逆合成解析という分析手法が有機合成でちゃんと機能しているではないか，と読者はいうかもしれない．この分析では，標的化合物の分子構造から出発して，合成経路を逆にたどり，妥当な原料物質を論理的に見つけだす．分子構造が分子の姿を正しく表していなければ，原料物質を見つけることも標的化合物を合成することもできないと，常識的には考えられる．しかしこの方法で期待通りの結果が得られたとしても，それで直ちに分子構造が実在するといえるわけではない．なぜなら，実験は経験領域*の営み，分子構造は実在領域*にかかわる話だからである．実在領域と経験領域は完全に対応しているように見えるが，本当にそうであるという保証はない．分子が私たちの想像するようなものであるのかどうか，それを確かめる直接的な方法はないのである．私たちは分子の素顔を知らない.

「知る」とはどういうことか

　「知る」といっても，いろいろなレベルがある．ネットやテレビを見れば，海外の事件や暮らしぶりを知ることができる．しかしメディアを通して知るのと，自分で経験して知るのとでは，大きな違いがある．パリの賑わいや喧騒は，実際にシャンゼリゼを歩いたりカフェで語らったり，あるいは講義室の窓から入ってくる生活騒音を経験したりしてはじめて実感することができ

る．イギリス人の話好きは有名だが，実際に駅やマーケットで順番待ちの長い列に並んでみると，それがどんなものであるかがすぐにわかるだろう．何かを本当に知りたければ，それを経験するのがいちばんである．カントは感覚直観として感性に与えられるものだけが確かな知識になるという[1]．

　アルデヒドを水素化リチウムアルミニウムのエーテル溶液に滴下するときの，滴下漏斗のつまみを握る指先に伝わってくる微かな手ごたえや，不気味に泡立つ反応溶液の様子から，私たちは反応が進行していることを知る．化学反応では，出来事の進行を五感のレベルで経験することができる．しかし反応を引き起こしている分子は五感ではとらえることができないから，状況証拠を積み上げて想像することしかできないのである．

　私たちのまわりにある物は一定の形や大きさをもっているので，ほかの物に影響を及ぼしたり，ほかの物から影響を受けたりする．分子も基本的にはこれと同じと考えてよいだろう．ただ分子はあまりにも小さく，量子力学が支配する世界の存在であるから，形や構造といっても，机や椅子のそれと同じように考えることはできない．有機化学では，嵩高い置換基の立体効果が働いて反応を阻害する，というが，これはモル単位の分子集団の振る舞いを平均した姿で，個々の分子や置換基の個別的な状況をそのまま記述したものではない．

　このように考えると，分子を設計するという行為は，家具や建物や機械のような目に見える大きさの物体を設計するのとはまったく意味が違うということがわかる．こうしたことをすべて理解した上で分子構造や分子設計について語るのはよいが，必ずしもそうでない場合もあり，そうなると問題である．危険を承知の上で細心の注意を払って行動するのと，何も知らずにうっかり危険に身をさらしてしまうのとでは大きな違いがある．この場合の危険は，ありもしないものをあると勘違いするという危険である．もう少し具体的にいうと，主観のつくりだしたものを客観と勘違いする危険である．超越論的仮象*はこのようにして生じる．先に，オービタル*が数学的な関数であることを忘れて，これを撮影することに成功したと勘違いした話を紹介した（第10章）．これを超越論的仮象とよぶかどうかはさておき，化学にはこういう微妙な話が少なくない．分子構造に話を戻せば，これを所与の事実として受け入れてしまうと，量子力学計算がそれを導かないことが納得できない．そうなると，どちらかが間違っているに違いないと，的外れな詮索に時

間とエネルギーを浪費してしまう.

分子構造が分子設計を可能にする

　分子構造は実験事実を説明するために論理的に導かれた概念だから，実在の分子の様態をどれくらい正確に表現できているかということが重要になる. 神ならぬ人間に本当のことはわからないとしても，そういうものを仮定することで物質の化学的性質や化学反応の結果をうまく説明できるとしたら，分子構造は化学知識の構築に役立ったといえるだろう. カントによれば，事実の裏づけをもたない超越論的な観念ですら，これと同じような使い方をすることは可能で，だから超越論的ということをネガティブにとらえる必要はなく，むしろポジティブにとらえて積極的に利用すればよいという. 超越論的観念のこのような使い方を超越論的観念の統御的使用とよぶ. カントは鏡をもちだしてこれを説明する. すなわち，鏡に映った世界は本物ではないが，それを承知の上で鏡を使えば，鏡に欺かれることなく，自分の背後に広がる世界を知るのに鏡を役立てることができる[1]. 分子構造も，それがどれくらい正しいか正しくないかを目で見て確認できるわけではないが，分子の振る舞いを理解する助けになるとしたら，鏡と同じような意味で価値があるといえるだろう. そうすれば，目に見えない分子を設計するという考えも，その延長線上の可能なシナリオとして受け入れることができるのではないだろうか.

　分子構造は化学反応の結果を理解したり知識を整理したりするために不可欠の概念装置である. というのは，私たちが考える分子構造が正しいとすると，これまでに得られた有機化学の知見はどれも合理的に説明でき，どこにも矛盾はない，ということである. この事実は分子を設計するという行為を正当化するための根拠になる. なぜなら，たとえ桁外れに小さくても，また量子力学的な力の支配を受けるとしても，分子も何がしかの構造をもつとみなしてよければ，そのような「みなし構造」も，構造というからには，目で見て確認できる構造と同じように，「設計」という行為の対象になりうるからである（ここでは構造という言葉を「いくつかの部分からなる全体」というくらいの意味で用いている. 全体を部分に分解・分析できることが設計の前提になる. 設計とは部分から全体を組み立てることだからである）.

　なお第 18 章で述べるように，分子構造や分子の設計可能性をアフォーダンスと考えてよければ，もっと単刀直入に分子設計を擁護することができる．その要点は，アフォーダンスとして現実化するものは実在領域で世界の因果的構造に接続しているから，（机や椅子のように現実に目に見える物でなくても）実在するとみなしてよい，というものである [2]．

主観と客観を混同しないために

　カントの哲学は超越論的観念論とよばれる．カントは主観の外にある世界を否定し，観念的な構成物のほかには何も存在しないと主張したのではない．そうではなく，人間の認識能力には限界があると認めた上で，可能な知識の範囲を見定め，それがどういうもので，どのようにして得られるかを述べているのである [1]．カントは，この世界で私たちが経験する出来事だけでなく，経験の範囲を越えたところで起こる出来事や，そうした出来事について私たちが抱く観念にも，合理的な説明を与えることは可能だという．超越論的観念をめぐる考察がそれである．超越論的観念の統御的使用は超越論的観念が力を発揮して，私たちを世界の正しい認識へ導くポイントである．しかしもしポイント操作を誤ると，理性という列車は超越論的仮象の谷底へまっしぐらである．

　ケミストは目に見える現象の世界と分子の世界のあいだを行き来するので，主観を客観と取り違える危険とつねに背中合わせである．危険は，何をするかということよりも，得られた結果をどのように理解し，どのような解釈を与えるかという点にある．先ほど触れたオービタルを撮影したという主張も，間違ったのは測定ではなく，解釈だった．オービタルが物理的な実在であるという思い込みが，測定された電荷密度分布をオービタルのように見せてしまったのだ．事実を客観的に物語るデータがあったのに，主観がそれを勝手に脚色して間違った結論を導いてしまったのである．

　このような失敗が頻繁に起こる原因は理性*にある．理性は好奇心の旺盛な子どもと同じで，なぜ？と問うことを止めない [1]．なぜ雨は空から降るの？──空には雲があるから．雲があるとなぜ雨が降るの？──雲は雨粒でできているから．なぜ雲は雨粒からできているの？──海や川から水が蒸発して空に上がったから．なぜ海や川から水が蒸発するの？……といった具合

で，理性の想像力には際限がない．理性は究極の答えを求めて経験世界の境界を越えてしまうのである．越境行為が起こらないように，判断力という番人が常に目を光らせているのだが，理性はそれを無効にするような力をふるう[1]．この力はどうにも抑えようがない．水嵩が増した川が蛇行して岸をえぐるようなものである．氾濫を防ぐには，流れを安全な方向に導くしかない．超越論的観念の統御的使用は理性の想像力を誘導して上手に利用する鍵なのである．

　どんな物にも構造があると考えてしまうのは，人は目に映る世界をもとにして考えることしかできないからであろう（図16.1）．世界は私たちの目に映るような物として存在し，それは誰にとってもそうだとすれば，それが客観的な事実になる．しかしこの客観的な事実は人間の感性や悟性を前提にしたものだから，感性ではとらえられない対象には当てはまらない．そして，化学はまさに，感性ではとらえることのできない極微の世界を探求する．他のどの科学にもまして，化学では理論や概念に対する批判的吟味が必要である．

図16.1　鏡に映る世界は本物ではないが，真実を知る助けになる

第17章

知識はいかに
つくられるか

アブダクションがうまくいく理由

　一般に，言葉の意味は文脈のなかで判断されるべきだが，哲学では，特別に定義された言葉（＝哲学用語）が見かけ上何の変哲もない文に特別な意味を与えることがある．たとえば現象という言葉がある．自然現象とか社会現象といえば，自然界や社会で起こるさまざまな出来事や変化のことで，その原因が何であろうと，またその出来事を私たちが経験することができてもできなくても，現象は現象である．これがこの言葉の日常語としての理解だが，カントはこれとはまったく違う独自の解釈をこの言葉に与えている．端的にいえば，主観がもの自体に触発されて現象を生じるというのである．したがって，それは経験としておのずから知られるものやことを意味することになり，私たちが知らないどこかで起こることは現象ではない．現象（フェノメナ）という言葉は『純粋理性批判』を読み解くキーワードの一つだから，ここで述べたことを知らないと，話の趣旨をとらえそこねてしまう．

　カントはまた『プロレゴメナ』のなかで，片手だけからなる宇宙を考え，それが右か左かを決められるかという問題を論じている[1]．面白い問題である．おそらく，宇宙そのものがキラルな要素をもつのでないかぎり，右か左かをいうことはできないだろう．単独では意味を確定できないものはたくさんある．上で述べた言葉も，言葉で表される概念も，概念で構成される知識も，みなそうである．これらには，個々の部分が全体に意味を与えると同時に，全体が個々の部分に意味を与える，という共通性がある．仮説や理論の妥当性を考える際も，このような部分と全体の関係が重要である．

　第 16 章で超越論的観念の統御的使用という話をしたが，この章ではまず，
そもそもなぜ超越論的観念が統御的に使えるのか，ということを考えてみた
い．ここでもいま述べたことがヒントになる（メートル原器のような参照基
準があって，常にそれとの関係で言葉や概念の意味を確定することができる
のであれば話は簡単だが，言葉や概念に関してそのような客観的な基準は見
当たらない．私たちの認識や言語から独立した自然界での種属*を基準にし
てはどうかという意見もあるが，何がそれに該当するのかということになる
と，なかなか意見が一致しない）．

　アブダクションという哲学用語をご存じだろうか．アブダクションとは，
簡単にいえば，実験事実を説明しうる最も適当な仮説を導くことである．推
論の形式としては帰納*や演繹*が有名だが，アブダクションはこれらとは
異なる論理的推論の形式で，たとえば実験結果を見て実験条件を改良すると
きなども，私たちはアブダクションを行って作業仮説を立てる．作業仮説だ
けではない．化学結合や分子構造などもアブダクションの成果である．帰納
法のような単純な内挿や外挿とは異なり，アブダクションは無から有を生じ
るような想像力を必要とする．このことは，アブダクションが経験に触発さ
れたものであるとはいえ，完全に経験に立脚しているとはいえず，超越論的
な性格の観念*を生むこともあり得るということを意味する．しかしそうだ
とすると，なぜアブダクションがうまく機能するのか，不思議である．なぜ
事実の裏づけをもたない観念が，実験事実と矛盾しないどころか，実験事実
を説明したり，さらには事実を整理したり論理的な枠組みを与えるのに役
立ったりするのだろうか（つまり，なぜ統御的に作用するのか，ということ
である）．もしアブダクションが常識に反するような仮説を生むとしたら，
こうはならないはずである．ただ，科学の歴史を紐解くと，熱素*や（光の
媒体と考えられた）エーテル*のように，提案された当初は実験事実をよく
説明するように見えたが，あとになって否定された仮説もあるから，話はそ
う簡単ではない．

　アブダクションがうまくいく理由としては，理性は知識が全体として整合
性を保つ方向に働くということが考えられる．だから，アブダクションも
（既存の知識や理論の体系のような）大きなシナリオと矛盾しないような説
明を生みだすのではないかということである．そうでなければ実験結果を理
解することも説明することもできないはずである．なぜなら，理解するとい

うことは，理解すべき対象を既存の知識や考え方と関連づけることだからで
ある．少なくとも通常の実験で作業仮説を立てるときは，私たち一人ひとり
のなかでこのようなことが起きていると考えて差し支えないだろう（パラダ
イムの転換を引き起こすよう野心的な実験でも，最初はまず既存の知識を
使って実験結果を説明するはずである．それではうまくいかないということ
になってはじめて旧来の知識や考え方を疑うのではないだろうか．ガリレオ
の望遠鏡*みたいな話はむしろ例外的と考えるべきだろう）．

　どのような観点から見ても曖昧なところがなく，それ自体で意味内容が一
義的に決まるような事実というものは存在しないので，個々の実験事実に意
味を与えるのは，先ほどの表現を使えば，「大きなシナリオ」しかないので
ある．「方法論的に指導され構成された経験」（フランシス・ベーコンによる
実験の定義）とはよくいったものである[2]．実験は新奇な物質や現象の発見
をもたらすが，実験そのものは既存のシナリオの上でなされるので，アブダ
クションから生まれる作業仮説も既存のシナリオに沿ったものになるのだろ
う．これが，超越論的な観念が統御的に作用する理由である．だから，理解
に苦しむような結果が得られると，それをどうやって既存の知識の枠組みの
なかに位置づければよいか悩むのである．

　このように考えると，実験は与えられたシナリオに小さなエピソードを書
き加えるようなものだといえるかもしれない．個々の小さなエピソードがシ
ナリオを膨らませ，それと同時にシナリオからその場にふさわしい意味を与
えられるのである．文章でも知識でも，部分が集まって全体ができるが，そ
の一方で，そうやってつくられた全体が今度は個々の部分に意味を与えるの
である．部分と全体の，この相互依存的あるいは相互決定的な関係が，科学
における実験の意味と役割を要約している．

　したがって，理論が先か実験が先かという問いには，どちらでもないと答
えることになるだろう．理論は先ほどの大きなシナリオを構成する筋書きの
一つであるから，前述の話からすれば，こう考えるのが正しい．自分自身の
経験を振り返っても，理論と実験は常に相互依存的あるいは補完的だった．
丹念に科学史を調査した結果も，この考えが間違っていないことを裏づけて
いる[3]．

科学的な事実は個別的な状況と切り離せない

　話がやや抽象的になったので，今度はもう少し身近なところに目を向けよう．実験について語るなら，まず実験の現場に目を向けるのが近道で，現場を知る者にとって，これ以上確かな方法はない．また，一口に実験といっても化学と物理学や生物学では実験の対象や方法が違うので，ここは話を化学に限定しよう．さて，化学といえば実験，実験といえばフラスコや試験管などの実験器具が目に浮かぶ．実験という言葉はまさに化学の代名詞といってもいいくらいである．それくらい化学は実験に依存した学問であるが，それは化学がもっぱら新奇な物質の合成や変換によって自然を理解しようと努めてきたからにほかならない．化学はそのようにして人間が理解できる領域を，つまり私たちの世界そのものを拡大してきたのである．また化学の興味はいつも具体的で（ケトンには影響を与えずアルデヒドだけを還元するにはどうしたらよいか，のような）細かな問題に向けられてきたため，実験条件を抜きにして結果を語るのはほとんど不可能である．誰がいつ，どういう環境で実験したかを知らなければ，本当のことはわからない，といえるくらいである．パスツールによる酒石酸の光学分割を思いだしてほしい．パスツールは酒石酸ナトリウムアンモニウムの結晶を一つひとつ目で見て選り分けたが，この化合物は 26〜27 ℃で再結晶を行わないかぎり D 体と L 体を別々の結晶として取りだすことはできない．技術のある人が幸運に恵まれたからこそできた発見といえるだろう．パスツールはこれを恩師ビオの前で実際にやって見せたので，なんら疑いの余地はなかったが，これが論文になると，実験結果の再現を試みる人は試料の調製段階から苦労するだろう（論文の実験項に実験室の気温を書くことは普通はしないものである）．

　そうはいっても実験項は研究の詳細を知る有力な手がかりに違いない．実験項を読めば，実験がどのような装置や試料を用いてなされたのか，具体的な情報が得られる．すべてが書かれているわけではないにせよ，主張の根拠を知ることはできる．この反応は数ミリモルでうまくいくと書いてあれば，少なくともそのスケールではうまくいくだろう．逆に，そのスケールでないとうまくいかないということもあるから注意が必要だ（自分の開発した反応が *Org. Synth.* に掲載されることに決まったときのこと，せいぜい 20 ミリモルくらいの反応しか試していなかったのに，いきなりモルスケールで確認

するよう求められて苦労した．スケールアップするとなると，撹拌効率も考えなくてはならないし，反応熱にも配慮が必要になる．ほとんどゼロから条件検討をやり直さなければならないことも珍しくない）．

　科学文献が具体的で詳細な実験の記述を求めることから見ても，科学的な主張の真偽が実験の文脈（どんな方法や装置で実験を行ったか）に依存することがわかる．文脈依存というと電子の粒子性と波動性の話を思い浮かべる人も多いだろうが，ケミストには上で述べたような例のほうが身近に感じられるだろう．A ＋ B ──→ C という反応式を見れば，A と B から必ず C が（そして C だけが）得られると思いがちだが，実験のスケールを変えるだけでまるで様子が変わってしまうことも珍しくない．C 以外に D や E ができてしまうかもしれないし，C が痕跡量しか得られないかもしれない．そんなことは技術的な問題で，原理的には可能なはずだといわれるかもしれないが，そうだとしたら *Org. Synth.* の編集部がモルスケールでの確認を求めてくることはないだろう．スケールアップしてうまくいかなくなるとしたら，それなりの理由があるはずで，それはその反応の本質に根差したものであるかもしれない．化学収率が数％しかない反応を収率 100％の選択的な反応にしようとすれば，反応条件の見直しというより，実験の文脈を変えるくらいの大きな変更になってしまうかもしれない（天然物の全合成で，うまくいかないプロセスを改良しているうちに，意図せず新反応を見つけてしまうような話である）．話がやや脱線したが，個別具体的な状況から切り離された本質などないといいたいのである．

　酸素と硫黄は同じ 16 族元素だが，ケミストなら酸素と硫黄を一括りにするようなことはしないだろう．むしろそれぞれのユニークさに目を向けるのではないか．セレンやテルルには単純に好奇心を掻き立てられる．しかし世の中，こういう人ばかりではない．デカルトなどはその対極に位置するように見える．デカルトは対象を個別的な状況から抽出することで，複雑な問題を単純化できることを示した．理性的な判断が感覚によって曇らされることを嫌ったデカルトは，他方で普遍的あるいは根源的なもの（理性的な思惟の対象）を個別的で多様なもの（感覚と同様，偶然に左右される）から切り離し，そうやって問題を文脈から解放したのである．解析幾何学や古典力学（質点や摩擦のない斜面がこれを象徴的に示している）の成功がこのようなアプローチの有効性を証明した．しかしその一方で，デカルトはなぜこれほ

ど多種多様な生物が存在するのかという問題に答えることができなかった.
おそらくこの世界は抽象的な表現に馴染む側面と，偶然の支配を受ける個別
的で多様な側面の両方でできているのだろう.

第二性質を扱う化学の文脈依存性

　化学は何かが存在するかしないかという単純な問題より，存在のあり方に
目を向けることが多い. いわゆる第二性質*（色や味など，主観的な性質）
を守備範囲とするからである. そのため半ば必然的に，見方と見え方という
哲学的な問題に直面してしまう. 色でも，昼間の青い海が夜は黒く見えたり
するように，見方を変えれば違った見え方をする. 実験の目的や方法，興味
の所在，実験を行う人の経験知や性別などが，無意識のうちに実験結果の見
方や理論の立て方に影響を及ぼすこともある. 見方と見え方の問題から逃れ
られない化学は本来的に文脈依存的な性格の科学である. もちろん存在する
かしないかという二者択一の問題では，存在しないものはどのような文脈で
も存在しない（19世紀に議論をよんだ根がよい例である）.

　化学はまた，五感の及ばないミクロの世界に介入するから，なおさら文脈
が重要になる. 分子は設計可能かという問いには，分子設計を可能にするよ
うな文脈があると答えることができる. また，窒素原子の電子状態を
$(1s)^2(2s)^2(2p)^3$ のように記述するのは（個々の電子は区別できないという）
パウリの排他原理*に反するのではないかという批判には，化学独自のオー
ビタル*理解を可能にするような文脈が存在すると答えることができるかも
しれない. また，フロンティア軌道理論*は妥当かという問いには，結合の
生成や開裂をともなう化学変化では，HOMO*とLUMO*の相互作用で得
られる安定化の効果が他の要因を圧倒するので，そのような文脈では十分に
妥当すると答えることができる[4].

　このような話をすると，経験的に妥当*な結果が得られているなら，恣意
的に適当な文脈を選んで好き勝手な解釈を与えることができてしまうのでは
ないかという声が聞こえてきそうである. たしかに，そういうことがあるか
らこそ，科学理論はしばしば書き換えられるのである. 証明したつもりでも，
あとから考えると証明になっていなかった，ということもある. たとえば
ハッキングは介入実在論*を提唱するが,「介入」は彼がいうほど簡単な話

でもなければ，いつも「介入」だけで理論的な存在の実在性を証明できるわけでもない．ハッキングは，もし対象に介入して予期した通りの結果が得られたなら，その対象は存在すると考えてよいという．小さな金属球に電子や陽電子を照射して金属球表面の電荷を調節する例をあげながら，この直観に疑いの余地はないというのだが，それは陽電子が存在するかしないかという単純な問題しか見ていないからである．どのように存在するかという問題では，予期したような結果が得られても，それだけでは証明したことにならない場合がある．たとえば，飽和炭化水素の立体化学は炭素原子が sp^3 混成軌道*をつくると考えれば理解しやすい．またその理解を前提として分子を設計し，立体選択的にほしい化合物だけを合成することもできる．しかしこの事実から sp^3 混成軌道は実在すると結論することができるだろうか．真実はといえば，真の分子軌道のかわりに sp^3 混成軌道で考えても矛盾を生じない文脈がある，というのが正しい．

　化学を日本語や英語のような言語にたとえるならば，個々の実験事実は単語と同じようなものといえる．単語はそれ一つだけ見ても意味を確定することはできない．単語も実験で得られた結果も，文脈との関係においてその意味を吟味することが重要であろう．

アフォーダンス

メレオロジーの誤謬

　大正生まれで，若い頃は体操の教師だった母は，健全な精神は健全な肉体に宿る，が口癖だった．この格言に反する事例をもちだすと，母は「なっとらん！」と机を叩いて憤慨した．悪人が健康な肉体のもち主であってもなんら不思議はないのだが，精神と肉体が切り離せないというのは本当だろう．だから，駅前の混雑した交差点を渡る自分を空中から眺めている自分に気づいたときはさすがに怖くなった．ひょっとするとデカルトも幽体離脱の経験者かもしれない．でなければ心身二元論なんていいださなかったのではないか．

　冗談はさておき，心身二元論のねらいは，公式見解では理性的な精神を感覚（＝肉体）の支配から解放することで，解析幾何学*はその具体的な成果といえる（感覚頼みのギリシア幾何学では三次元が限界だった．デカルトは座標と方程式を使って幾何学を代数的な問題に書き換え，任意の次元に拡張した）．デカルト哲学の上に建てられたといっても過言ではないこんにちの社会を生きる私たちにとって，心身二元論も解析幾何学も当たり前であるが，彼が生きた時代はどうだったのだろう．若きデカルトが通った17世紀のイエズス会の学校ではスコラ学*が必修だった．カリキュラムの柱はもちろんキリスト教神学とプラトン・アリストテレス哲学である．アリストテレスといえば形相と質料を思いだす人も多いはず．人間に当てはめれば，形相は魂，質料は肉体だ．私がほかの誰でもないこの私であるように，個々の物もそれぞれが他の物とは区別されるユニークな存在である．このことをアリストテ

レスは形相と質料の結合で説明した．結合というと，その反対もあるように
聞こえるだろうが，形相が質料から離れるのは物がその物をやめるときだけ
である．刃のない刃物がないのと同じで，物がその物である限り，これらは
離れない．アリストテレスは個物に現れた具体的な形に物の本質があると見
ていた．

　人間を精神と肉体に解体するデカルトは反アリストテレスである．また，
もし理性的な精神を人間の本質と見るなら，精神と肉体の対比はイデア界と
現象界の対比と見ることもできる．数学者でもあったデカルトがアリストテ
レスよりもプラトンに魅かれていたとしても不思議はない．そうだとすれば，
デカルトはアリストテレスの実体概念を誤解したのではなく，意図的に否定
したと想像することもできるだろう（ラ・フレーシュ時代のデカルトは反抗
的なませた少年だったという．虚弱体質で，特別な食養生を施された．これ
が功を奏して軍への入隊が許され，ヨーロッパ各地を転戦するのである）．

　理性の解放が啓蒙主義*と科学の時代のよび水になったことは事実だが，
どんな良薬にも副作用はつきものである．人間が実体としてのまとまりを
失って，抽象的な精神が前面にでてくると，たとえば「心が考える」という
表現を見ても驚かなくなる．現代なら「脳が考える」というところか．これ
らはいずれも考える主体を誤解している．考えるのは人間であって，心でも
脳でもない．心や脳は人間を構成する部分と考えるべきである．「体が栄養
を欲している」も同じだ．部分と全体の関係はメレオロジーとよばれ，した
がってこれらはメレオロジーの誤謬ということができる．現代の脳科学や人
工知能研究はまさにデカルト哲学の実践といえるが，これらがメレオロジー
の誤謬に根差すとしたら，この先にどんな展開が待ち受けているのだろうか．

物の属性はいかにして現実化するか

　私たちがデカルトから受けた影響は計りしれない．ただ実体概念を崩壊さ
せたという点では，ジョン・ロックの影響もこれに勝るとも劣らぬものがあ
る．第3章で述べたように，ロックによれば，物は基質（英語では
substance で，これは下 sub/under にある stand という意味）と性質からで
きているという．物の実体性が薄れたために，本来は可能性にすぎない質料
が現実性を帯びて基質に変わったのである．基質は物の性質を担って物から

物へ運搬する乗り物のようなものといえるだろう．もしもロックのいうこと
が正しいとすると，化学変化はどう理解すればよいのだろうか．たとえば水
酸化ナトリウムと塩酸から塩化ナトリウムが生じるとき，反応物の性質が生
成物である塩化ナトリウムに移動することになるが，それは具体的にはどの
ようなものなのか．またどうすればそれを確かめることができるのだろう．
見当もつかない．また，乗り捨てられた乗り物のほうはどうなるのか．そも
そも元素は性質なのか乗り物なのか．こうした問いに科学は答えることがで
きない．

　逆にアリストテレスの実体概念を前提とすると，上の問いを裏返して次の
ようにいうことができる．物に固有の性質（つまり属性）がその物の個別的
な存在状態と切り離せないのはなぜか，と．これは質料と形相の具体的な意
味についての問いである．

　斧は薪を割ることができて，はじめて斧といえる．斧が斧であるためには，
斧をつくる一つひとつの材料がそれぞれに必要な加工を施され，それぞれに
適した場所に正しく取りつけられる必要がある．そうなってはじめて斧とし
て役立てることができるだろう．また斧がその性能を存分に発揮するために
は，斧の使い方をよく知る人が，それにふさわしい場所で正しく使うことも
重要である．これらがすべてそろったときに，斧に魂が宿ると考えられる．
アリストテレスは，斧の形相は斧の刃と斧の柄のような具体的な形ができて
はじめて現実化するという．健全な精神は健全な肉体に宿るにも通じる考え
である．

　私たちが物の存在をはっきり意識するのは，たとえばそれを何かに利用す
るときである．物を道具として見ると，道具としての物の属性が現れる．小
枝や石ころでも，それを道具と見ると，その目的に応じた属性が現実化する．
巣づくりに忙しいツバメには小枝は巣を編む材料だが，地面に絵を描きたい
子どもはそれを筆記具として使うだろう．物の本質は道具としての具体的な
働きに現れるとしたら，実際に道具を使うのは人間であるから，人間を抜き
にして物の本質は語れないことになる．鎮痛剤のつもりで研究を進めていた
化合物が乗り物酔いの薬として商品化されたり，毒性が強くて使えないと
思っていた化合物が抗がん剤として注目を集めたりするのを見ると，化合物
が真価を発揮するもしないも人次第，状況次第ということが実感できる．

　物の属性が個別的な状況と切り離せないのは，それが現実化するために個

別的な状況を必要とするからである．個別的な状況が決まるまでは，物の属性は可能性として考えられるにすぎない．元素でも同じで，たとえばナトリウムの属性は，金属ナトリウムとか塩化ナトリウムといった具体的な物質として現実化するのである．それ自体では現実化できない性質が，元素という乗り物によって物から物へ運ばれるわけではないだろう．

物の属性はアフォーダンスとして現れる

　物の属性は，それを道具として使う人や，それが道具として使われる個別具体的な状況に応じていろいろな現れ方をする．道具でなくても，なんらかの働きを引きだす目的で物を扱うときも同じことがいえる．分子を設計したり反応を制御したりすることに頭を悩ましていると，分子は目に見える机や椅子と同じような形や構造をもっているように見えてくる．分子がもつ潜在的な属性が，私たちと化合物とのかかわりのなかで，分子構造として現実化するのである．しかし分子軌道を組み立てて分子のエネルギーを計算する量子化学者には，このような属性は現れない．分子の形や構造が現実化するような文脈が量子化学（とくに第一原理計算）には必要ないからだ．

　アフォーダンス*とは具体的な文脈のなかで現実化する，〈認識主体・物質世界〉複合体の属性である．この複合体には認識主体である人，認識対象である物，認識に必要な装置や実験方法などが含まれる．物の属性は無条件に与えられるものではなく，このような複合体や個別具体的な文脈があってはじめて現実化するのである．分子構造は〈有機化学者・化合物〉複合体のアフォーダンスということができる．分子が設計可能であるという事実も，同じ複合体の異なるアフォーダンスとして理解できるだろう．アフォーダンスはもともと心理学の用語で，環境が人間の行動を決める支配的な要因になり得ることを指していたが，近年，化学でも使われるようになった[1,2,3]．

　科学は人間の主観や個別的な状況から独立しており，またそうでなくてはならないというのが科学に対する一般的なとらえ方であろう．認識主体と認識対象を切り離すデカルトの方法論をよしとすれば，そうなる．しかし前で見たように，デカルトの方法論*には少なからず問題があり，私たちが研究活動のなかで実際にしていることを顧みると，見直すべき点も少なくない．事実というものも，それを現実化させる個別具体的な文脈があってはじめて

確定するのである．ガラス製品が割れやすいことは，誰の目にも明らかな事実のように見えるが，分厚いビールジョッキと繊細なワイングラスは同じではないだろう．どのような事実も，事実だから無条件に成り立つというわけではなく，〈認識主体・認識対象〉複合体のアフォーダンスとして理解すべきものである．そう考えれば，化学の理論や概念も〈化学者・物質世界〉複合体のアフォーダンスということができるだろう．

　物は主観とは独立に存在するが，その属性を知ろうとすると，それにかかわる人やかかわり方が問題になる．主観と無関係ではありえないのだ．私たちが知るのは，物自体や可能性としての属性ではなく，私たち自身の主観も入ったある個別的な状況における物の属性であり，つまり〈認識主体・物質世界〉複合体のアフォーダンスなのである．カントは主観が物に触発されて現象を生じるといったが，そうだとしたら，現象として知られるものもアフォーダンスといえるだろう．先に述べたように，カントのいう現象は，経験としておのずから知られるものやことという意味合いが強い．そのようにして知られるものが道具の働きや機能である場合，またより一般的になんらかの操作対象の属性であるときに，これらをアフォーダンスというのである．

　アフォーダンスとは文脈に依存して現実化する物の属性であり，私たちはその物にかかわる出来事の経験において，それがどのようなものであるかを実感をともなって知る．つまりそれは経験領域*に属す．しかし道具の機能や環境に備わった利便性（たとえば凍結した川や湖は動物にとって橋の代わりになる）としてアフォーダンスが現実化するのは，それらが世界の因果的構造に接続していればこそである．ラッセルやホワイトヘッドがいうように，私たちが「実在の世界」とよぶ物は出来事の連鎖にほかならないとすれば，アフォーダンスとして現実化するものは実在するといえるだろう．分子構造はアフォーダンスとして現実化する．だから，分子構造は実在するといえるのである[4,5]．

アフォーダンスは現象場を必要とする

　カントのいう物自体（ヌーメナ*）の是非については議論もあるが，現象（フェノメナ*）と対をなす概念としてとりあえずこれを認めるとすると，心の外にある物や現実化されていない物自体がどのようにして現象として知

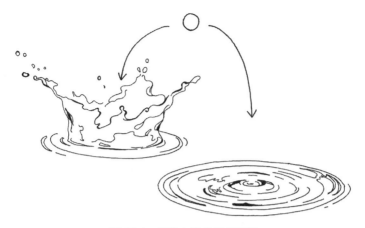

図18.1　現象と現象場の関係

られるのだろうか．図18.1を使って説明しよう．池に石が投げ込まれて水
面に波紋が生じている．石が心の外にある物や物自体，池の水が私たちの心，
石が投げ込まれて生じる波紋が現象である．水をたたえた池は現象が生起す
るための場を提供する．これを現象場とよぶことにしよう．池は一つとは限
らない．池の違いは文脈の違いを表す．なおここで文脈の違いには，私たち
を取り巻く環境だけでなく，私たち自身の心のあり方も含まれる．同じ石で
も異なる池に投げ込まれれば異なる波紋を生じる．それと同じで，物も異な
る文脈では異なる現象を生じる可能性がある．そのようにして生じる現象を
通して，私たちは物が一つまたはいくつかのアフォーダンスをもつことを知
るのである．

　たとえば電子は波動性と粒子性をあわせもつことが知られている．実験方
法の違いによって波の性質が現れたり粒子の性質が現れたりするということ
だが，現象場を使えば次のようにいうことができる．つまり，波動性を観察
するのに適した現象場に電子を置けば波動性が現れ，粒子性を観察するのに
適した現象場に置けば粒子性が現れる，と．2種類の異なる現象場を用意す
ることにより，電子の属性が2種類の異なるアフォーダンスとして現実化す
るのである．

　元素は物質の基本成分だから，たとえばナトリウムという元素の属性は，
金属ナトリウムの示す性質にも塩化ナトリウムの性質にも影響を及ぼしてい

るはずである．しかし火を噴く金属と調味料を比べてみても，とてもこれら
が同じ元素を含むようには見えない（そういう意味ではダイヤモンドと黒鉛
の見かけの違いも驚きである）．同じ元素がこのように異なるアフォーダン
スを生じる理由は，〈人・物〉複合体や現象場を考えれば理解できる．同じ
元素の原子でも，まわりをナトリウム原子で囲まれているのと塩素原子で囲
まれているのとでは物理的な環境も化学的な環境も違う．このように考えた
だけでも個々の物質中に存在する元素の属性の現れ方は違ったものになると
予想できるが，実際には元素（というより原子）は金属ナトリウムや塩化ナ
トリウムのようなまったく異なる物質に形を変えて存在する．だから私たち
が実際に知っていることは何かといえば，金属ナトリウムを単離する実験操
作や塩化ナトリウムを精製する実験操作を含めた〈人・物質世界〉複合体の
アフォーダンスとして現れたナトリウムという元素の属性なのである．元素
の性質などと簡単にいってはいるが，元素自体は概念的な存在であり，私た
ちが本当に知っているのは，ある個別的な状況のなかで触知可能な物として
現実化した元素の属性なのである．私たちが物の性質だと思っているのは，
実際には個別的な状況における〈人・物質世界〉複合体のアフォーダンスな
のである．

　個別具体的な文脈から切り取られたものや概念は，座標を与えられた幾何
学図形と同様，勝手に独り歩きを始める．それでいいこともあるだろうが，
妙薬も，使い方次第では毒にもなる．カントは主観と客観を混同するなとい
う．この言葉にいちばん真摯に耳を傾けなければならないのはケミストかも
しれない．

第 19 章

世界は
つくられる

科学の営みは発見か創造か

漱石の「夢十夜」に，護国寺の山門で運慶が仁王を彫る話がある．少しの迷いもなく一気呵成に眉や鼻を彫りだしていく様子に感心していると，隣にいた男が「あれは眉や鼻を鑿と槌でつくっているのではない．木のなかに埋まっているのを彫りだしているだけだから間違うはずがない」という．なるほど彫刻とはそういうものかと合点して自分でも彫ってみたが，明治の木のなかに仁王は見つからなかった，そんな話である．ご存じの方も多いと思う．私も若い頃に読んだが，彫刻はつくるのではなくて彫りだすものだ，というところが妙に鮮明な記憶として残った．運慶でなくても熟練の木彫り職人が仕事をしているところを見ると，たしかに，つくるというより見つけているように見える．自分にはとてもそんな真似はできないので，せめて夢のなかだけでも何かを彫りだせたらいいのにと思うのだが，もしこの話をファン・フラーセンが知ったら何というだろう．

科学の営みはしばしば真理の探究や発見という言葉で表される．それは木のなかに埋まっている彫刻を彫りだしていくような発見的な営みなのだろうか．それとも，彫刻家が造形を通して主題を表現するように，理論やモデルをこしらえて事実を表現したり，事実の生じる原因を理解したりする，そういう意味ではむしろ構築とか創造といった言葉のほうがぴったり当てはまるような営みなのだろうか．

経験論*と実在論*は何を実在と考えるかという点に意見の違いがあるが，どちらも人間の主観から独立した客観の世界を所与のものとして受け入れる

ところは同じである．また，目に映るこの世界も，それをどういうものと見るかは別として，存在自体は疑わない．ということは，人間の感性や悟性を真偽判断の前提として認めるということである．さらにまた，プラトンのように人間の手の届かないところに実在の世界を仮定することもしない．人間の認識能力と，目の前に広がる世界の存在を前提とするとき，私たちは何をどこまで，またどのように知ることができるのだろうか．両者の立場の違いは知識の限界に関する見通しの違いといえるが，両者は科学という営みのもつ意味についても異なる見方を主張する．

　現代版経験論の旗手を自認するファン・フラーセンは経験的に妥当*な理論やモデルを構築することこそが科学の営みであるというが，それに先立って理論やモデルで表すべき事実の発見がなされなければならないことはいうまでもない．事実の発見に重きを置こうが理論やモデルの構築に重きを置こうが，知識の射程を経験領域*に限定する点では旧来の経験論もファン・フラーセンも同じである．ただ，ファン・フラーセンは構成的経験主義*というわかりやすい主張を展開し，科学の実践における経験論的アプローチのガイドラインを示した点が特筆に値する．そうすることで，経験論の可能性と限界をより一層明確にしたということもできる（背景には哲学の問題を言語の問題に還元した論理実証主義*への反省があるようだ）．

　経験論は確かな知識の範囲を経験の世界に限定する．五感の守備範囲を越えたところに何があろうと，その真偽については態度を留保するという姿勢である．科学理論も，それが絶対に正しいとか正しくないということはできず，経験的に妥当かどうかだけが問題になる．見たり触ったりできないものについては何もいえないので，たとえば原子や分子，いや細胞ですら仮説的な存在ということになる．しかし細胞は光学顕微鏡でも見えるから，話はやっかいだ．肉眼で見えるか見えないかという線引きに固執すると，確かな知識の土台としての科学の信頼感まで危うくなってしまう．

　科学的実在論*では守備範囲を経験領域に限定することはないので，肉眼で見えるかどうかは問題にならない．科学は新奇な現象や物質を発見するだけでなく，現象を引き起こすメカニズムや自然界の隠れた因果構造を明らかにすると考える．究極の物質や根源的な力の発見という科学のイメージは科学的実在論の立場によく馴染む．科学理論に関しては，正しい理論と間違った理論しかなく，正しい理論は実在を正しく表している．だから，額面通り

に受け取ってよい．というより，それが科学理論の正しい受けとめ方になる．額面通りとは，実在の世界は理論の主張する通りのものとしてあるという意味である．目に見えない極微の存在の有無が理論の核心だとすれば，このように考えるしかないだろう．単純でわかりやすい主張だが，経験論と比較すると，やや脇が甘いような印象を受ける．たとえば有機化学では分子構造は経験的にも理論的にも所与の事実だが，量子化学計算で分子構造を導くことはできない．見方によって分子は構造をもつようにも，そうでないようにも見えるのである．白か黒か，真か偽かという単純な議論が当てはまらない例は（光は波動か粒子かという議論のように）少なくない．

　「つくってなんぼ，できてなんぼ」のケミストは基本的に経験論者だが，化学結合や分子構造がつくり話であるとは思っていないから，そういう意味では実在論者といってよいだろう．日常的に分子を設計したり反応を制御したりすることに心を砕いていると，これらが存在することは理論的な主張というより実感である．ケミストから見ると，経験論と実在論という単純な二分法は実情に即しておらず，何か物足りないところがある．

化学は固有の方法で物質世界の顔を掘りだす

　単純に白か黒かをいえないのは，同じ一つの観察対象が異なる状況のなかで異なる現象を生じることがあるからである．光が回折するというのも事実で，直進するというのも事実だから，光は波動として振る舞うこともあり，粒子として振る舞うこともあるとしかいいようがない（波動でも粒子でもあるとか，波動でもなく粒子でもない，という表現はやや正確さに欠ける）．どんなものでも他のものから切り離されて，それだけで存在することはない．自然科学で扱う対象は，必ず個別具体的な実験や観察に紐づけられ，その条件とともに事実として知られるのである．前の章の言葉を借りれば，光には波動性と粒子性という二つの属性があり，どちらの現象が現実化するかは条件次第，つまり，光の波動性と粒子性はそれぞれが文脈依存的な〈認識主体・物質世界〉複合体のアフォーダンスなのである．分子構造でいえば，「分子は構造をもつ」ではなくて，「分子が構造をもつように見える文脈が存在する」のであって，分子構造も〈認識主体・物質世界〉複合体のアフォーダンス*ということができる．この場合，認識主体は有機化学者，物質世界

は有機化合物や化学反応を含む有機化学の世界と考えればわかりやすい.

　分子が構造をもつように見えるというのは紛れもない事実だが, この事実はただ目を開けていれば何もしなくてもわかるというものではなく, そのように見える文脈を設定してはじめてわかることである. 認識主体の積極的な関与がなければこのような事実が知られることはない. 認識主体と物質世界が特定の関係をもつとき, 特定の文脈において分子が構造をもつように認識主体に見せる. いい換えれば, 分子が構造をもつと考えないかぎり理解できないような現象が現実化するのである. このようにして現れた物を私たちは科学的な事実として受け入れる. 化学の鑿と槌を使って物質世界の一つの顔を彫りだすのである. 彫りだされた顔は物質世界を構成する一つの部品になる. それ自体が一つの小世界 (ミクロワールド) であるということもできる [1,2].

世界はいろいろな顔をもつ

　科学は物質世界からいろいろな顔 (小世界) を彫りだす. 物質世界はこのような小世界から構成される全体といえるが, 科学は日々進歩し, 新しい顔を次々に彫りだしていくので, それらを総合したときにどんな顔が浮かび上がるか, 私たちにはわからない. わかるのは一つひとつの顔だけである. つまりそれが私たちの認識する世界であり, 現実的な意味で実在といえるものである.

　新奇な物質を創造することによって, 日々, 物質世界のフロンティアを開拓し, そうやって実在そのものを生みだしている合成化学者にとって, 前述のことは半ば自明かもしれない. しかし化学を離れると, これは自明でもなんでもない. なぜなら, たとえば経験論と科学的実在論は科学理論に対する見解こそ違うものの, 先に述べたように, この世界を所与のものとして (いい換えれば, 最初から与えられたものとして) 受け入れる点では同じだからである. 合成化学者なら, 実在の世界は与えられた箱ではなく, 新奇な物質を合成することで容積を増していく器のようなものと考えるだろう.

　科学の営みによって明らかにされる個々の小世界が, 私たちの理解できる世界である. このような世界を実在として受け入れようというのが私やウォルナーの主張である. 人間の認識が及ばないイデアの世界を仮定して実在を

私たちから遠ざけることは容易だが，そんなことをしても科学と形而上学の
あいだに壁を築くだけである．それでは英知を結集して人間は何を知り得る
かという大きな問いに立ち向かうことはできないだろう．また人間以外の種，
たとえば紫外線を感知する鳥の目で見たら，世界はまったく違う姿を見せる
のではないか，だから，人間が認識する世界だけを実在と考えるのは片手落
ちだという意見もあるかもしれない．実在は人間の考えや存在に左右されな
いからこそ実在なのだ．イデアをもちだすつもりはないが，少なくとも人間
の感性や悟性だけで判断することはできないはずだ，というわけである．し
かしもし人間以外の生物種まで考慮に入れたらどうなるだろう．世界はまる
で万華鏡に映った幾何学模様のようなものになってしまうのではないか．も
し誰かがこの万華鏡を覗くとしたら，それは造物主以外にはないので，人間
の営みとして科学や哲学を考える限り，人間以外の生物種を考慮に入れるの
はナンセンスである．

　この世界に人間の認識が及ばない側面があることは否定しないが，それは
知識の対象ではなく，せいぜい技術的な操作の対象でしかない．人間は太陽
の光に照らされた月の表面を地上から眺めて月面の詳細な地図をつくってき
た．月が球体だとすれば，当然，裏側も存在するはずだが，地上からは見え
ないから長いあいだ謎だった．しかし技術が進歩すると，人工衛星を月の周
回軌道に乗せて画像を送って来させたり，その画像を解析したりしてデータ
を得られるようになった．月の裏側は，見えなくても技術的に操作できるの
である．

　ケミストが扱う対象にも，認識の対象と単なる操作の対象がある．ケミス
トはまるで（分子の世界を）見てきたように語るのが習い性になっているが，
もちろん本当に分子を見たり触ったりすることはできない．ケミストが扱う
のは触知可能な化合物や化学反応である．ケミストは化学反応を起こしたり
制御したりするが，必ずしもいつも詳細な反応機構を理解しているわけでは
ない．化学反応をモニターしていると，よくわからない反応が起こることも
あるし，特定できない生成物が見つかることも珍しくない．反応式に現れる
のは，実際に起こっていることのほんの一部分だけである．

　さらに一言つけ加えるとすれば，実在の世界は人間の心とは独立に存在す
るという信念ほど，科学的あるいは哲学的な見解の違いを越えて，広く一般
に共有されている考えはないように見える．事実，人間のいない世界は過去

に存在したし，いつかまたそういうときが来るに違いなく，そのような世界に人間がコミットすることはないから，人間の心とは独立に存在する世界という考えは間違いではない．またそれを実在の世界とよびたければよべないわけではない．しかし私たちが人間のいない世界を想像した途端，そこに私たちの視点がもち込まれるので，それは私たちの世界になってしまう．つまり私たちが想像する人間のいない世界は，私たちの心とは独立に存在する世界ではなくなってしまう．私たちの目に映る世界と，私たちの能動的な働きかけによって現実化する世界のほかに，実在の世界は存在しないのである．

それでも科学は真理を目指す

　科学や哲学を論じるのに人間の感性*や悟性*を前提とするのは当然だが，人間は誤りを犯す．人間の認識が絶対に正しいという保証はない．それどころか，カントの分析によれば，理性*は好奇心の旺盛な幼子のようなもので，なぜ，なぜと悟性を質問攻めにするので，急き立てられた悟性は主観を客観と混同したり，錯覚に陥ったりする．また，私たちが見ている世界は，感性や悟性が知らず知らずに身につけてしまった習慣や偏見のために脚色されたり歪んだりしている可能性もある．それでもなお，私たちは自分の目に映る世界を「私たちの世界」として受け入れるしかないのである．もしも私たちの目に映る世界が偽りであったなら，という仮定の上での議論もありうるが，そういう仮定そのものが形而上学的な虚構なのではないかと疑ってみるべきだろう．目に映る世界が，私たちを超える存在から見て，真実であろうとなかろうと，私たちの理解が経験に照らして妥当であるかぎり，私たちはその理解を尊重すべきである．科学の目的は神の視座を手に入れることではなく，人間が理解することのできる世界を拡大していくことである．

　しかしそうなると，同じように確からしく，しかも相互に矛盾する小世界がいくつも考えられてしまうのではないか．あちらでもこちらでも好き勝手に個別的な文脈をいい立て，これも事実あれも事実と主張したら収拾がつかなくなってしまうのではないか．そういう心配がでてくるかもしれない．

　化学結合や分子構造を特徴とする古典的分子像と，量子化された分子軌道や分子全体に広がる電子雲で表される量子化学的分子像とでは，とても同じものを扱っているようには見えない．まったく異質な小世界といってもよい．

実際，分子を見る視点が両者では大きく異なる．分子を設計したり標的化合物を合成したりすることに興味の主眼がある有機化学では，分子が構造をもつと考えるのは自然だが，有機化学から見て自然だということは，それが有機化学の暗黙の前提や了解事項に支えられている可能性を示唆する．量子化学についても同じことがいえるだろう．ここにあるのは，日本人の著者が日本の読者に向けて日本語で文章を書くときに起こるのと同じ類の問題である．

　日本語を母語とする私が日本語で文章を書くとき，私は読者も日本語を理解し，ある程度まで価値観も共有できているという前提を暗黙裡に受け入れている．著者も読者も化学を専門とする場合は，なおさらである．それ自体は悪いことではないし，そうでなければ読者に理解される文章は書けないと思うのだが，そういう暗黙の了解事項に頼りすぎると，字面はもっともらしくても，中身のない意味空疎な文章を書いてしまって，しかもそれがそれなりに読まれてしまうという事態が生じる．恐ろしいことだが，この手の失敗は決して少なくない．こういう事態を回避する最良の方法は，異なる言語（たとえば英語）に翻訳してみることである．英語では言葉に流されることがないので，内容を突き詰めることになり，いろいろな観点から考えを検討するチャンスが得られる．

　化学でも同じである．有機化学の概念を有機化学の文脈から量子化学の文脈へ移してみると，概念の本質が見えてくる（たとえば分子構造は分子間に強い相互作用が存在する多分子系を前提とすることがわかる）．適切な翻訳がなされるかぎり，意味空疎な小世界は泡と消えて，なんでもありの相対主義に陥る危険を回避することができる．

第Ⅴ部

哲学と化学の，これから

AIと人間を対比させると，考えるという行為の本質が理解できる．またそれと同時に，化学や哲学が人間にとってどのような意味をもつのかということも明らかになる．

第20章

AIと化学と
哲学と

はやくねなさいっ!!

なんで?

自動運転はチェスとは違う

　生成AIチャットGPTの登場でAI（人工知能）の開発競争が過熱するなか，自動運転車に期待が高まっている．高速道路での走行に限定して実用化されるという話もでているが，一般道での走行となると，技術的に超えなければならないハードルがいくつもありそうだ．顔認証や指紋認証の技術が実用化されるまでにも相当な苦労があったが，それと比べても，自動運転のほうが難しそうである．自動車を安全に走らせるためには，刻々と変化する道路状況を車載コンピュータが間違いなく処理する必要があるが，路上は囲碁や将棋の盤上とは違う．ちょっと考えただけでもすぐに予測困難な障害にぶつかる．

　たとえば人間と同じようにコンピュータが道路状況を察知して自動車に指示をだすことにすると，コンピュータがこなさなければならない計算量が膨大になってしまう．車載コンピュータにそんな仕事をさせるのは非現実的だ．となると，前もってGoogleマップのようなものを記憶させておき，目に見えないグリッドに沿って自動車を走らせることも考えられるが，積雪や地形の変化で道路事情が変わってしまうこともあるだろう．そういうときはどうなるのか．降りだした雪の中で判断に迷うAIを想像すると，安心してハンドルを預ける気にはなれない．

　AIは規則とその適用範囲がはっきり決められたチェスや囲碁のようなゲームは得意だが，状況依存的な判断が必要な問題は苦手である．ビッグデータを利用しても，この事情は変わらないのではないか．AIといえど，

基本は与えられたデータを与えられた指示に従って処理することである．

AI は考えない

　AI といえば機械学習*である．この言葉はまるで機械が自分で学習したり進化したりするような印象を与えるが，AI にそんな能力はない．実際は訓練用のデータセットを使って数理モデルをつくり，これをテスト用のデータセットに適用して予測の精度を確認する．平たくいえば既知のデータを再現する数理モデルをつくり，同種のデータに適用して欠落したデータ項目を予測できるかどうかを試すのである．検量線を引いて測定値から未知の変量を推定するようなものだと思えばよいだろう．これらに共通するのは，最初にどんなデータセットを与えるかがその性能を大きく左右するということだ．また，数理モデルの適応範囲は既知データのそれを大きく越えてはならないという点も共通しているかもしれない．AI は（外挿よりも）内挿のほうが得意なのである．

　また，いうまでもないが，AI は数値化されていない事柄は扱えない．AIとよぼうが何とよぼうが，その本質は計算機である．さらに，AI は与えられたデータを統計データとして処理して予測に役立てるので，突発的な，いわゆる不測の事態への対応は苦手である．ところが自動車の運転というのは，いつどこで何が起こるかわからない．ドライバーは絶えず不測の事態に備えていなければならない．不測の事態にうまく対処できないのは致命的である．これが自動運転車にとって最大の障害になるのではないだろうか（そういう意味で，高速道路や自動車専用道での走行は自動運転車にとって比較的簡単な問題かもしれない）．

　深層ニューラルネットワーク（深層人工神経網）*を利用する現代の AI はかつてのエキスパートシステム*とは頭脳の構造がまったく違う．予測の精度も格段に向上したから，コンピュータ上でシミュレーションが可能な問題では大きな成果が得られている．AlphaGo のようなゲーム系 AI は進歩が早かった．しかし公道で車を走らせて AI を学習させることは危険が大きく，簡単にはできない（米国では公道での試験運転中に死傷事故も起きている）．現実場面でいかに深層学習*を行うかという点にリアルなハードルが存在する．

　人間の場合，突然目の前に障害物が現れたら，咄嗟にハンドルを切ってブ

レーキを踏むだろう．考えるよりも前に，反射的にそうするはずだ．たとえ
それが目の錯覚であったとしても，である．人間は身に迫る危険には本能的
に反応してしまう．しかし AI は身体をもたないから，そのような生物的な
反応はしたくてもできない．決定木のようなアルゴリズムに従って進むべき
道を選ぶだけだ．あるいはベイズ確率*を計算して可能性を絞り込んでいく
だけである．もし現代の AI をチューリングテスト*にかけたら，AI が自分
で考えているように見えるかもしれないが，事実はといえば，AI は因果関
係を想像することも，幻想を抱くこともできないのである．AI は確率と期
待値が支配する冷めた論理に従う．

人間にしかできない化学

　ケミストは化学反応を見ればそのメカニズムを想像する．なぜ？　どのよ
うにして？　その連鎖が化学を進歩させてきた．経験可能な現象の背後に横
たわる，未知の領域の奥深くまで想像をめぐらし，原子に固有の重さを与え，
原子価を化学結合として実体化し，さらに不可視の分子に構造を与えた．こ
の旺盛な想像力は，時としてカントのいう超越論的仮象*を招くこともある
が，そうしたリスクを取らずにこれほど豊かな分子の世界を開拓できただろ
うか．経験の世界から，経験を越えた世界への飛躍（トランスディクショ
ン*）こそ，経験を煉瓦として，また壁土として，化学という壮麗な建築を
立ち上げる柱とも足場ともなったのである．この建築はもしかしたら私たち
人間だけに見ることを許された虚構なのかもしれないが，たとえそうであっ
たとしても，それはこれからも発展させ追究する価値のある見事な虚構であ
る．
　化学にはチューリングテストと似たところがある．カーテンで仕切られた
向こう側には分子の世界がある．私たちはこちら側，つまり経験の世界にい
て，分子の構造や動きを想像する．カーテンは永遠に開けられないので，そ
の妥当性は経験に照らしてチェックするしかない．化学が成し遂げた数多く
の成果から判断するかぎり，私たちは向こう側の世界を正しく想像できてい
るように見える．しかし，だからといって本当にそれが正解だという保証は
ない（チューリングテストの場合，テストに合格するのは人間ではなく，
カーテンの向こう側にいるコンピュータのほうである）．

化学に哲学が必要な理由

　カントは心の働きを次のように分析して説明する．まず経験の内容が直観として感性に与えられる．感性はこれを自発的な思惟能力である悟性に渡す．そうすると悟性は自己の形式（範疇）に従ってこれを分類・整理し，対象の概念を構成する．目に映ったものを，これは机，あれは鉢植えのように概念にして理解するのである．理性は一段高いところにいる調整役のような存在である．調整役というと冷静で落ち着いた審判員の姿が目に浮かぶが，それは判断力の仕事である．理性はといえば，好奇心が旺盛な幼子のようなもので，感性や悟性が受け入れたものについて，なぜ，どうしてと質問せずにはいられない．この問いには際限がない．いまある説明では満足できないのである．悟性はこれに答えようと，概念を繰りだし，経験の裏づけを待たずに運用してしまう．その結果，主観的な観念を客観的な事実と勘違いして錯覚（いわゆる超越論的仮象）に陥ってしまうのである．しかしその一方で，理性は概念を規範的に運用したり，経験できないものを想像したりすることも可能にする．カントの分析が正しいとすると，人間と AI の違い，つまり人間らしさの証は理性の働きにあるといえるかもしれない．

　AI は理性の化身であるかのように語られることもあるが，AI は物事の理由や説明を知りたいとは思わないだろう．そこが人間とは違う．AI は精巧な絵画を生成できても，そのような表現に至った理由を説明することができない．描かずにはいられないから描いた，ということもない．AI には芸術活動ができないのだ．人間はといえば，人間はこの世界を理解したい，そうせずにはおれないのだ．世界の本当の姿，実在とよばれるものは何で，それを私たちはどこまで知ることができるのか．つまり哲学をしないではいられないのである．この大きなビジョンから見れば化学も哲学と同様，きわめて人間的な営みといえるだろう．世界を理解するための実践という点では化学も哲学も同じである．

　もちろん両者の実践内容は異なる．化学を含めた自然科学は感性と悟性の働きに直接かかわる活動である．具体的にいえば，実験や観察の結果を理解したり説明したりすること，いい換えれば科学的経験を概念的に整理したり理論やモデルによって表現したりすることである．一方哲学はというと，これらの働きを俯瞰する理性のほうにむしろ強いかかわりをもっている．カン

トは『純粋理性批判』において，感性，悟性，理性の性格や役割を徹底的に
分析した．そして，たとえば概念が本来の適用範囲を逸脱して適用されたり，
理性が独断専行したり暴走したりするリスクを指摘したのである．

　分子の世界は五感ではとらえられないから，カントの指摘は他人事では済
まされない．それどころか，ケミストにとってカント哲学は必須の教養とい
えるくらいである．第 10 章で取り上げた問題はこれを例示するのに十分だ
が，第Ⅲ部で取り上げた話題はいずれも化学の問題解決に哲学的な考察が必
要であることを示している．それらのなかには，化学の実践ではあえて触れ
たくない，だからなるべく触れないようにしている問題や，それが問題であ
ることすら知らなかったというような問題も含まれていた．こういう問題を
解決するには人間の思考そのものを批判的に吟味する必要がある．だからほ
かの誰でもない，カントの言葉に耳を傾ける必要があるのである．

　ただそうはいっても『純粋理性批判』という本は難解な上に大部である．
挑戦してはみたが挫折したという声を，日本人のみならずドイツ人の化学哲
学者からも聞いたことがある．忙しいケミストがこれを座右に置くことは稀
であろう．カントだけではない．ほかの哲学者が書いたものも，表現が抽象
的で内容がとらえにくいと感じる人が少なくないようだ．とくに現実主義者
のケミストには，哲学は縁遠い存在と映るだろう．哲学はもっとわかりやす
い言葉で，ケミストに馴染みのある話題を通して語られる必要がある．化学
の哲学，化学者のための哲学が必要な所以である．

化学も哲学も人間の生存戦略である

　第 4 章で見たように，化学は 19 世紀に爆発的に進歩した．当時のケミス
トは化学の実践と哲学的な思索を別々のものとは考えなかった．その伝統は
いまでもイギリスやフランスでは脈々と受け継がれていて，彼の地の大学を
訪れるとそれを肌で感じることができる．化学哲学のゼミに参加するのは主
に化学科の学生たちである．化学哲学が化学の問題解決のための選択肢の一
つになっているのである．

　私はこの本がきっかけとなって日本でも「化学の哲学」の扉が開くことを
願っている．私が化学の哲学に興味をもったことは，それ自体は私的で取る
に足りない小さな出来事かもしれないが，一人でもそういう人間がいること

は，ほかにも同じような人がいる可能性を示唆している（ここまで読んでくださったあなたもその一人に違いない）．数年前に私のところへ来て，それ以来一緒に化学哲学を学び研究をしている人がいる．彼の存在はいろいろな意味で私の力になっている．一つの出会いが別の出会いにつながり，人から人へ化学哲学の輪が広がっていくことを期待して止まない．化学の実践のなかで抱いた哲学的な疑問を共有し，掘り下げ，化学哲学の論文にまとめ，世界中の研究者と共有することは大きな喜びである．それが ISPC*（The International Society for the Philosophy of Chemistry）に参加して私自身が経験したことにほかならない．その経験を読者のみなさんと共有できたらどんなに素晴らしいだろう．UCLA（カリフォルニア大学ロサンゼルス校）の Eric Scerri 教授が私を ISPC に招いてくれたように，今度は私がみなさんをこの会に紹介できることを楽しみにしている．

　コロナ禍は人と人が膝を交えて議論することを難しくしたが，場を共有することでしかわからないことがあると認識する機会にもなった．情報交換だけならオンラインでもできるが，あえて1万キロの彼方へ昼と夜を飛び越えて行くからこそ得られるものもある．AI と違って，人間は情緒的な支えがなくては，理性で考えることはできても，理性的に振る舞うことはできない動物なのである．

　理性と感情の両方が備わってはじめて人間である．そのような意味において人間は知性的な動物なのだ．AI は知性的でもなければ，もちろん動物でもない．AI は人間の及びもつかない計算能力で人間を助け，人間の力になってくれるが，その本質はアルゴリズムである．身体をもたない脳のようなものだ．だから AI は本当の意味で考えるということができない．考えるという行為は身体的存在である人間の（あるいはハイデガーのいう世界内存在*としての人間の），個別具体的な文脈における全身的な活動なのである．考えるという行為はそれ自体としてあるのではなく，人間が生きるためにあるに違いない．化学も哲学も，人類の生存戦略としてあるとすれば，これらが目指すべき将来像はおのずから明らかである．

おわりに

　化学哲学は可能か？　最初に掲げたこの問いに，本書を読み終えたいま，読者のみなさんはどのように答えられるだろうか．

　著者として私は次のように考える．興味や取り上げる話題は化学に限定されたものであっても，また一つひとつは「哲学的な化学者」の議論の域をでないとしても，それらを積み上げれば「全体を見る眼」をもつことは可能ではないか．つまり，化学という個別専門の入り口から入り，体系的で粘り強い思弁を続けていけば，哲学の高みに到達することは可能ではないかと思うのである．化学について「哲学的に考えるとはどういうことか」を具体的に示そうとすれば，それ以外に何か方法があるとは思えない．セラーズもいうように，最初から全体を俯瞰的に見ているだけでは「全体を見る眼」をもつことは難しいからである．

　また，開き直っているように聞こえるかもしれないが，正直なところ大事なことは，誰の目にも立派な哲学かどうかということよりも，哲学的な観点から化学を再検討することで，化学の面白さや不思議さが一層際立ち，普通に化学を研究しているだけでは気づかないような側面や本質的な問題が見えてくればよいのではないかとも思うのである．どういうアプローチをとるにせよ，それによってなんらかの意味で化学に貢献できればよいではないか．と，このようにいう私はやはり化学の徒であって，それ以外のものではないのかもしれない．

　さらにいえば，専門の科学哲学者の興味は形而上学的な問題に向きやすく，そうなると，化学の実践からは遠くなってしまう．化学の発展にとっては，化学に軸足を置いて哲学を論じることは必要なことでもあるのだ．化学史と化学哲学を議論する国際学術団体 ISPC や，その機関誌 *Foundations of Chemistry* もそのような考えで運営されている．化学にとっても化学哲学にとっても，それが好ましいことだからであろう．

ところで，本書は化学哲学のさまざまな話題をどちらかというと広く浅く扱ったものだが，化学哲学を知るにはを深く掘り下げた一つの話題を勉強することも重要かもしれない．たしかにそれはその通りで，英語で書かれたものでよければ私自身のものも含めて適当な文献があるし，原著論文を読みこなす準備があれば，より深い理解が得られることは間違いない．しかし化学哲学の入り口に立って様子をうかがっている読者には，それはちょっとハードルが高いと感じられるであろう．

　哲学の武器は言葉であるから，日本人でも英語で書けば英語という言葉の力を最大限引きだすことに努められる．英語という言葉の制約を受けながら，そのなかでぎりぎりの思考をするわけで，いわば英語という土俵の上で相撲を取っているようなものである．何年か前にパリでお目にかかったAugustin Berque 先生は私に「日本人にしか見えないものを大切にしなさい」と諭されたが，それは日本語で書いてこそ可能になるのではないかという気がする．日本人らしいものの見方や問題意識を日本のなかだけにとどめておいてよいということではないが，そういうものをまず日本語でちゃんと形にすることには重要な意味があると思うし，もしそれができれば最終的には日本だけでなく世界の化学哲学の発展にとっても貢献することになるだろう．

　日本語で語ることに加えて，化学者が，とくに合成化学者が，哲学を語る意義についてもひとこと述べておきたい．これまで科学哲学は主に数学や物理学を専攻する人たちがリードしてきた．話題としては，時間や空間の性質とか力の本質とか，科学理論は実在を正しくとらえているか，実在するのは実体か数学的な構造か，といったことが多かった．そして何よりもものの見方や世界観が化学を学んだ者の眼には異質と映ることが少なくなかった．端的にいえば，世界ははじめから与えられたものだった．解はまだ見つかっていないだけで必ずどこかにある．それを見つけるのが科学であり哲学だと暗黙裡に仮定されていた．合成化学者はそうは考えない．世界は新奇な物質を創造することによって拓かれる．フロンティアはみずからつくりだすのである．こういう経験や発想はこれまでの科学哲学にはなかった．化学は科学哲学に新たな視点を導入するだろう．

　まだ全合成が成し遂げられていない天然物が合成化学者のやる気を刺激するように，化学の哲学的な側面は哲学的な化学者を刺激する．それが化学に

とって重要なものであればなおさらだ．化学結合や分子構造の実在証明は化学の土台を固めるために不可避の課題である．哲学的な土台ができて，はじめて化学は応用技術の寄せ集めではないと胸を張って主張できる．ニュートン力学に対してカントが行ったのと同じ類の貢献がいま，化学（とくに有機化学）に求められている．読者のなかから一人でも二人でも，このような挑戦に加わる勇者が現れてほしい．

　最後になったが，月刊『化学』での連載から本書の完成まで，一貫してお世話になった化学同人の山田宏二氏にこの場を借りてお礼を申し上げたい．連載の途中から始まった新型コロナ感染症のパンデミックは予想以上の影響を教育や学術研究に及ぼすことになり，本書の出版も大幅に遅れた．出版そのものが危ぶまれたことも再三だった．そのたびに山田氏の熱意に支えられて完成までこぎつけることができた．

　また，単行本化にともなって生じる煩雑な編集作業の全般を通して，化学同人編集部の加藤貴広氏，さらには山本富士子氏に，たいへんお世話になった．著者の力だけでは本はつくれないと，あらためて実感した次第である．心から感謝申し上げる．

　読者の皆さんからいただいた単行本化への期待や激励にもこの場を借りて感謝の意を表したい．著者にとっても編集者にとっても，読者の励ましの声ほど勇気づけられるものはない．顔が見える場合はとくにそうである．完成までの道程が長かっただけに，今回ほどこのことを強く感じたことはない．ありがとうございました．

用語解説

ab initio 計算　分子や原子のエネルギーを，経験的パラメーターを使わずに，波動関数と物理定数だけを用いて計算する．ただし通常は平均場近似などにより多電子系を一電子ハミルトニアンに分解するから厳密には第一原理計算ではない．

DFT　Density Functional Theory の略．密度汎関数理論．波動関数のかわりに電子密度から分子のエネルギーを計算する．

HOMO と LUMO　HOMO はフロンティア軌道の一つで，Highest Occupied Molecular Orbital（最高被占軌道）の略．LUMO は Lowest Unoccupied Molecular Orbital（最低空軌道）の略．

ISPC　The International Society for the Philosophy of Chemistry の略．化学史と化学哲学を議論するために 1997 年に設立された国際学術団体．毎年夏に国際会議を開催している．*Foundations of Chemistry*（Springer-Nature 社刊）が機関誌．

sp^3 混成軌道　原子価結合法において，同一原子の複数の原子オービタルを一次結合することでつくられるオービタル．sp^3 混成軌道は 1s 軌道と三つの等価な 2p 軌道からつくられる混成軌道．

アフォーダンス　行為の主体が何らかの意図をもって対象に接するときに現実化する，対象が潜在的にもっていた属性．たとえばナイフの属性は，人間とナイフとナイフによって切られる対象が揃ってはじめて実現するアフォーダンスである．イヌはナイフを使わないので，イヌにはナイフのこの属性は存在しない．アメリカの心理学者ギブソン（J. J. Gibson　1904-1979）によって提唱された理論．

一電子ハミルトニアン　多電子系の各電子は他の電子がつくる平均的な力の場のなかを運動すると考えると，各電子の運動はそれぞれ独立の座標系で表すことができ，多電子系を水素原子のような一電子系に分解することができる．これをオービタル近似といい，全ハミルトニアンを分解して生じた個々のハミルトニアンを一電子ハミルトニアンとよぶ．

イデア　ギリシア語の「見る」を意味する idein に由来する．時空を超越した非物体的な永遠の実在であり，知覚されるものの原型．プラトンのイデアには経験論哲学でいう「観念」の意味はない．

ウルツカップリング　有機ハロゲン化合物に金属ナトリウムを作用させてアルキル基が二量化した炭化水素を得る反応．

エキスパートシステム　深層人工神経網をもたない AI．医療など特定分野の知識をもち専門家のように推論や判断ができる．ただしあらかじめ想定される質問と答えを入力しておく必要があり，プログラムした以上のことはできないなど，柔軟性に乏しい．

エーテル　遠隔作用を認めない哲学的立場に基づいて考えられた力や電磁波の媒体．古代からその存在が議論されてきたが，1887 年にマイケルソン-モーリーの実験で否定され，物理学から姿を消した．

オービタル　多電子系の波動関数を平均場近似によって一電子波動関数に分解することをオービタル近似といい，そのようにして得られる一電子波動関数をオービタルという．

解析幾何学　空間内の点の位置を座標で表し，幾何学の問題を代数的に解く．幾何学を一般的な n 次元に拡張できる．カルテシアン座標という名称はデカルトのラテン語名に由来

する.

介入実在論 細胞のように直接見たり触ったりできなくても，何らかの方法でそれを操作して意図した現象を起こすことができれば（いい換えればそれに介入できれば），それは実在するという考え方.

ガウシアン ガウス関数. 量子化学計算で用いられる計算用ソフトウェア.

化学的原子説 元素ごとに決まった質量の原子が存在するという考え.

科学的実在論 自然界は人間の主観とは独立の法則に従っており，科学理論はそれをほぼそのまま客観的に記述するという考え方.

科学的実在論者との論争 チャーチランドとフッカー編著の "Images of Science: Essays on Realism and Empiricism with a Reply from Bastiaan C. van Fraassen" はファン・フラーセンの "The Scientific Image" への反論であり，それにまたフラーセン自身が応じるというかたちをとっていて面白い.

科学哲学 科学の構造や方法，科学の内容がもつ哲学的な意味の分析，科学知識の可能性と限界などを哲学的に考察する学問. 19 世紀以降，ヨーロッパを中心に発展.

仮説演繹 はじめに検討すべき仮説を立て，そこから演繹的に観察可能な帰結を導き，実験を行ってそれが本当に確認できれば最初の仮説を受け入れ，確認できなければ棄却する，という理論構築の方法.

仮説検証型の研究 最初に仮説を立て，実験でその真偽を確認する研究手法. ニュートンが『光学』（1704）のなかで用いたのが最初.

ガリレオの望遠鏡 ガリレオ（Galileo Galilei 1564-1642）は自作の望遠鏡で木星の衛星や土星の環，月面の凹凸などを観察し，これらの知見に基づきコペルニクスの地動説を支持したとされるが，望遠鏡の精度などから考えると，この望遠鏡観察は最初から地動説支持の意図をもってなされたのではないかと考えられる.

カルノーサイクル 熱源と熱溜のあいだで動く可逆的な熱力学サイクル. カルノーは熱を物質と考え，水が水車を回すように熱素が熱機関を駆動すると考えた.

感性，悟性，理性 カントは認識のしくみを感性と悟性の作用に分けて説明する. 認識対象が五感を刺激するとこれが感覚的な直観として感性に与えられる. すると自発的な思惟能力である悟性は自己の形式（範疇）に従ってこれを分類・整理し，対象の概念を構成する. 物が単に見えるだけでなく何であるかがわかるのは感性と悟性が協働するからである. 悟性の作用は理性の制御を受ける. 悟性の暴走は存在しないものをあると錯覚することにつながる. 五感を刺激しない対象は理性的な直観として感性に与えられる. 理性的な直観が人間にも備わっているとするのが合理論である.

機械学習 AI にテストデータを与え，適切な予想や（画像認識などの場合は）特徴抽出の精度が上がるように，信号の重みや閾値を調節すること.

奇跡論法 もしも理論的対象，たとえば分子構造が実体としては存在せず，観察された現象を説明するための概念的な道具にすぎないとしたら，分子構造を前提とした数限りない予測はすべて奇跡になってしまう（そんな奇跡は起こらないはずだから分子構造は実在するといえる）.

帰納推論 有限の経験から普遍的な結論を導く推論.「1，2，3，そして全部」が帰納推論. これに対して「1，2，3 ときたら，たぶん次は 4」のように個別的な予想を行うのは類比推論.

帰納と演繹 一般的あるいは普遍的に成立する前提から出発して個別的な結論を導く論理的推論が演繹. 個別的な事実から出発して一般法則を導くのが帰納. 帰納的推論で導かれた結論は蓋然性を免れない.

逆合成解析 標的化合物の直近の前駆体は何かを考えて適切な前駆体を決定し, この操作を出発物質にたどり着くまで繰り返す. 天然物など複雑な構造の化合物を合成する際に利用される分析法. E. J. コーリーが開発した.

霧箱 1927 年ノーベル物理学賞を受賞したウィルソン (C. T. R. Wilson 1869-1959) が発明した放射線を検出する装置. 飽和状態のアルコール蒸気をガラス箱に充満させて冷却することで, 箱を通過する放射線 (宇宙線) を飛跡として見ることができる.

経験的に妥当 ファン・フラーセンが提唱する構成的経験主義のキーワード. プトレマイオスの天動説がそうであったように, ある科学理論が経験領域の事実と無矛盾かつ実際上の目的に関しても何ら不足がないという意味において「現象を救う」とき, この理論は経験的に妥当という.

経験領域と実在領域 バスカーの存在論的マップの用語.

経験論 知識の根拠を経験に求める哲学的な立場. 理性への懐疑, 実証主義, 帰納法を特徴とする. 大陸の合理論に対し, 経験論はイギリスが中心で, フランシス・ベーコン, ニュートン, ロック, バークリー, ヒュームらが有名.

経験論と実在論 経験論は知識の根拠を経験に求める哲学的な立場. 実在論は人間の主観とは独立の客観的実在を認める立場. 経験的に知られる世界や現象を意識の所産と見る観念論と対比される.

傾向性 脆さ, 燃えやすさ, 溶けやすさ, 勇気のように, 物や人間がもつ潜在的性質. ワイングラスをテーブルの上で勢いよく倒すか下へ落とせばどうなるかは火を見るより明らかである. 私たちは過去の経験からワイングラスが割れやすいというが, 目の前のワイングラスについて直接それを経験できるわけではない. この奇妙な性質についてグッドマン (N. Goodman 1906-1998) は「potentiality と actuality のはざまの不可思議な領域に隠れた微妙な性質」と述べている〔S. Mumford, "Dispositions," Oxford University Press, Oxford (2008)〕.

形而上学 人間の感覚や自然現象を超えたところに考えられる普遍的で根本的な問題. たとえば「存在するとはどういうことか」のような問題を扱う哲学の分野. 形而上学 (metaphysics) という名称は, アリストテレスの著作を編集する際に, このような問題を扱った論文が自然学 (physics) の後 (meta) に置かれたことに由来する.

形而上学的思弁 科学では答えられない, たとえば「存在するとはどういうことか」のような, 普遍的で根本的な問題について考えること.

啓蒙主義 主に 18 世紀のイギリス, スコットランド, フランス, ドイツで興った知的運動で, 理性の光に照らして旧弊を改め, 公正な社会を実現しようとした. モンテスキュー, ルソー, ヒューム, アダム・スミス, カントらが有名.

現象を救う to save the phenomena の訳語. 科学理論やモデルが, 真偽は別にして, データをうまく説明すること. たとえば天動説にも現象を救うモデルはあるが, 天文現象の理解としては間違っている.

原子論 原子はただ 1 種類のみとする説. ニュートンやボイルの時代までそのように考えられており, 元素との関係も明確ではなかった.

元素分析法 有機化合物を燃焼させ，炭素は CO_2 に，水素は H_2O に，窒素は NOx に，硫黄は SOx に導いてそれぞれ定量する．19世紀にリービッヒが基本原理と技術を確立した．

構成的経験主義 ファン・フラーセンが提唱する経験論の考え方．科学の目的は真理の発見というより，観察可能な現象を救う，経験的に妥当なモデルをつくることだという主張．

構造実在論 理論が置き換わっても，理論の数学的構造が同じであるという事例（たとえばマクスウェルの電磁波の方程式は従来の波の式と同じ数学的構造をもつ）に基づく主張．このような考え方はピタゴラス（Pythagoras　前582-496）やケプラー（J. Kepler 1571-1630）の数一元論までさかのぼる．

合理論 理性論ともいう．理性によって導かれる命題のみが知識の拠り所になるという哲学的立場．デカルト，スピノザ（B. De Spinoza　1632-1677），ライプニッツ（G. W. Leibniz　1646-1716）らが有名．

個別科学 自然科学全体や社会科学全体を漠然と指すのではなく，物理学や経済学といった個別の研究分野の存在を意識して個別科学ということがある．英語で sciences と複数形になっている場合がこれに相当する．

コペルニクス的転回 カントは従来のように主観が対象をとらえるのではなく，主観の光に照らされた対象だけが主観のもつ先天的な形式に従って構成されると考え，このような発想の転換を地動説になぞらえた．

コルベ-シュミット反応 フェノール類のカルボキシル化反応によって，芳香族ヒドロキシ酸を合成する反応．コルベはフェノールのナトリウム塩を $180\sim200$ ℃に加熱し，これに二酸化炭素を反応させてサリチル酸を得た．シュミット（R. Schmitt　1830-1898）はこの手法を改良し，加圧下では $120\sim140$ ℃で効率的にサリチル酸が生成することを見いだした．

混成軌道 原子価結合法において，同一原子の複数の原子オービタルを一次結合することでつくられるオービタル．分子の形を再現し，メタン分子の四つの結合の等価性などを説明するのに用いる．

根の理論 電気的に陽性の水素原子が電気的に陰性の塩素原子で置換されることがわかると，ベルセリウスは電気化学二元論を修正し，有機化合物は電荷をもたない根と電荷をもつ根からなると主張し，根の理論を唱えた．

ジェンダー 男性や女性の役割の違いのように社会的・文化的につくられる性別．

ジェンダーバイアス 男女の社会的な役割などについて無意識のうちに偏見や固定観念をもってしまうこと．

自然界での種族 natural kinds の訳．人間の興味や意図とは関係なく自然界の秩序構造に由来する実在の種族．たとえば元素はその候補だが，さまざまな天然物や生物種はどうかというと意見が分かれる．

自然科学 経済学や心理学など社会や社会的存在としての人間を研究対象とする科学を社会科学と総称し，物理学や化学のように自然現象や自然界に存在するものを研究対象とする科学を自然科学と総称するのが慣例である．

実在気体 現実の気体で，不完全気体ともいう．実在気体の状態方程式は圧力が0に近づくにつれて理想気体の状態方程式に近づく．

実在領域と経験領域 バスカーの存在論的マップの用語．

実証主義 科学的知識だけを確かな知識と認め，これをもとにして知の統一を目指す思想．

実体実在論　たとえば電子に関する理論は研究の進展とともに変化したが，電子が実在することは揺るがなかった．このような事例が実体こそ実在という主張を支えている．

自民族中心主義　自分の民族や人種を基準として，他の民族や人種を否定的に見たり排斥しようとしたりすること．

社会生物学　アメリカの昆虫学者ウィルソン（E. O. Wilson　1929-2021）が提唱した学問体系．人間の社会行動を生物学の言葉や原理で説明する．ネオ・ダーウィニズムの自然選択説に基礎を置く．

集団的性質　LCAO-MO 法で，個々の原子軌道をそれと等価な一次結合で置き換えて二中心の局在結合としても，分子全体のエネルギー計算には影響がなく，しかも分子軌道概念と古典的な結合概念を関係づけることができる．このような扱いができる性質をいう．

周転円モデル　地球を中心とする大きな円（従円）と，その円周上に中心をもつ小さな円（周転円）の運動の組み合わせで，地上から見た天体の動きを再現する古代の天文学モデル．天動説には離心円モデルなど現象を救うモデルがほかにも知られていた．

シュレディンガー方程式　ある状況の下で電子などの量子系がとりうる量子状態を決定し，量子系の時間的な発展を記述する量子力学の基本方程式．

心身二元論　本書での意味は，理性的なものと感覚的なものを峻別する思想．

深層学習　深層人工神経網を利用する機械学習．ビッグデータを用いて深層学習を行うことで，特徴抽出の精度を飛躍的に向上させることができる．

深層ニューラルネットワーク（深層人工神経網）　入力層と出力層のあいだに二つ以上（通常は 300 層以上）の隠れ層をもつ人工神経網．人間の頭脳に似せた AI の特徴的な機構で，柔軟性がある．

スコラ学　スコラ哲学のなかで研究されたアリストテレスの自然学なども含めた全体をスコラ学という．

スコラ哲学　9〜15 世紀ヨーロッパの教会や修道院付学校で研究された哲学．キリスト教神学とプラトン・アリストテレス哲学が柱．

生物学的形質　生物種に固有の形態や性質や行動パターンのこと．

世界内存在　ハイデガーが『存在と時間』のなかで人間の存在について述べた言葉．自己は世界との関係において成立すると同時に，世界は自己との関係においてある．自己ははじめから世界の内にあるということ．

操作的な定義　科学概念は具体的な操作を示すことで客観化されるという主張（操作主義）に基づく概念定義の方法．

素朴実在論　世界は目に見える通りに存在しているという考え方．

第一原理計算　波動方程式に表れる運動エネルギーとポテンシャルエネルギーを計算する際に，平均場近似のような近似を用いずに，寄与するすべての粒子を等しく考慮して計算する方法．

第一質量　形相と結合していない純粋な質料．

第一性質　延長，形態，運動など，人間の心とは独立に存在する物に固有の性質．

第一の実体　「ソクラテス」や「菩提樹」のように固有名詞で指示される実体．これらは「人間」や「樹木」のようなカテゴリー（第二の実体）に属する．

第二性質　第一性質が心に働きかけて生じる味や匂いや色のような性質を第二性質という．

脱窒細菌　土壌細菌の一種．硝酸イオンを窒素に還元する．

単純ヒュッケル分子軌道法　ドイツの物理化学者ヒュッケル（E. H. J. Hückel　1896-1980）が考案した，有機化合物の π 電子の分子軌道を近似的に計算する手法．

チューリングテスト　イギリスの数学者チューリング（A. M. Turing　1912-1954）が1950 年に考案した，コンピュータが知能をもっているかどうかを判定するテスト．

超越論的仮象　心のなかにしかないもの，つまり主観を客観と勘違いして生じる錯覚のこと．経験の裏づけをもたない観念をまるで客観的な事実であるかのように信じて陥る．

超越論的（先験的）観念　経験世界に具体的な対象をもたない抽象的な観念．

定常状態　時間的に一定で変化しないとみなせる状態を一般に定常状態とよぶ．

デカルトの方法論　本書では観察対象を観察主体から切り離し（二元論），観察主体のもつ個別的な事情や方法とは独立の，いわば普遍的なものとして観察対象を扱うこと．

電気化学二元論　化合物は電気的に陽性の元素または根と電気的に陰性の元素または根が結合して生じるという考え．

洞窟の寓話　人間が現象の世界で経験することはイデアの世界で生起する出来事の影であり，イデアのほうが実在だというプラトンの主張を象徴的に示す寓話．

トラスディクション　経験可能な事柄から経験できない事柄を想像する思考法．

二次代謝産物　糖質やタンパク質などの栄養物質を一次代謝物とよび，生体防御のために植物が産生する多様な化学物質を二次代謝産物とよぶ．スパイスやエッセンシャル・オイルとして利用されるものも多い．

ヌーメナとフェノメナ　ヌーメナは物自体で，知性的な直観の対象．人間はそのような直観をもたないので，概念的な理解しかできない．フェノメナ（現象）は感覚的な直観として感性に与えられる．

熱素　熱現象を説明するために，熱を質量をもたない一種の物質とみなして考えられた名称．19 世紀半ばにその存在が否定された．

倍数比例の法則　同じ元素組成をもつ複数の化合物で，一方の元素の一定量と化合する他方の元素の質量は簡単な整数比をなす，という法則．

ハイゼンベルクの不確定性原理　ドイツの理論物理学者ハイゼンベルク（W. K. Heisenberg　1901-1976）が導いた，量子力学での粒子性と波動性の二重性を古典物理学的に考えるための原理．これによってミクロな粒子の位置と運動量を同時に正確に決定することができないことが示された．

パウリの排他原理　原子中では 2 個以上の電子がエネルギーやスピンなどで同じ状態をとることがないという原理．スイスの物理学者パウリ（W. E. Pauli　1900-1958）によって提唱された．

波動関数　状態と物理量が明確に区別される量子力学において，電子などの状態を表す状態関数．

批判的実在論　イギリスの科学哲学者バスカーが提唱した考え方で，知識と知識の対象との関係に曖昧さを含む従来の科学的実在論に対する修正の試み．

表現型　遺伝子型に対する言葉で，実際に発現した形態や性質のこと．

ヒルベルト空間　ベクトルとしての波動関数の演算を可能にする無限次元のベクトル空間．

フェルミ粒子　電子，陽子，中性子など，スピン角運動量が 1/2 など半整数の粒子．パウリの排他原理を満たす．これに対して，光子や中間子はスピンが 0 や 1 など整数のボーズ粒子である．

物理主義 経験科学の言語を主観から独立の物理的言語に翻訳（還元）することで社会科学も含めた科学の体系化を目指す立場.

プラグマティック 思考の意味や真偽を行動や事象の結果から決定するという哲学用語 pragmatism から派生した表現. 行為や事実を意味するギリシア語 pragma に由来する.

フロンティア軌道理論 化学反応では電子供与的に働く分子の最高被占軌道 HOMO と，電子受容的に働く分子の最低空軌道 LUMO の寄与が最も大きいという認識を主張する理論. したがって，これらフロンティア軌道の位相や電子密度に注目すれば，反応が基底状態で進行するか励起状態を経由するかを判定でき，ディールス-アルダー反応の選択則や共役オレフィンの閉環の立体選択則を説明することができる. 1952 年に福井謙一（1918-1998）によって提唱され，福井は 1981 年にロアルド・ホフマン（Roald Hoffman 1937-）とともにノーベル化学賞を受賞した.

文化的形質 ヒトやカラスのように社会的な行動が認められる生物種において，（遺伝や試行錯誤ではなく）模倣によって拡がる行動パターンや価値観のこと. 例として喫煙や SNS など.

分析哲学 多様な内容を包含するが，論理主義的な哲学の伝統の下，観念をその構成要素に分解して哲学的に考察するところに特徴と共通性がある. アメリカやイギリスで主流の哲学潮流.

フントの規則 同じエネルギーをもつ複数の軌道（たとえば三つの 2p 軌道）に電子が入る場合，可能な限りスピンを平行にして異なる軌道に入るという規則. ドイツの物理学者フント（F. H. Hund 1896-1997）が導いた.

平均場近似 多電子系の一電子ハミルトニアンを計算する際に，他の電子から受ける力を個別に計算するのではなく，それらを平均化した力の場として扱う近似法.

ベイズ確率 イギリスの神学者，数学者のトーマス・ベイズ（Thomas Bayes 1701-1761）が見いだした条件付確率. 事前確率を仮定し，それがデータに照合してどう変わるか（事後確率はいくつか）を見ることで，仮定を評価する. 観測事象から原因事象を推理できるので多方面に応用分野をもつ.

ボーアモデル 原子核を取り巻く電子は定常的なエネルギーをもつ軌道上に分布するという原子模型. 1913 年にニールス・ボーア（Niels H. D. Bohr 1885-1962）が提案し，量子力学の先駆けになった.

ボルン・オッペンハイマー近似 2 人の理論物理学者，イギリスのボルン（M. Born 1882-1970）とアメリカのオッペンハイマー（R. Oppenheimer 1904-1967）によって考案され，分子軌道法や密度汎関数理論（DFT）などの電子状態理論の基礎となっている. ハイゼンベルクの不確定性原理に抵触するという批判がある.

本質主義 ものにはそのものたらしめる属性（＝本質）があるという立場を一般にこうよぶ. ただ，その属性を何と見るかという点については多様な主張がある. プラトンはイデアこそ本質という.

マテリアリズム 唯物論. 事物の観念や精神よりも，その根底にあると考えられる物質的なものを重視する立場.

有機電子論 有機化学反応の反応機構を説明する理論. 結合に局在した電子対が電気陰性度の大きい元素に静電気的に引き寄せられることで化学反応が進むと考える. G. N. ルイス（G. N. Lewis 1875-1946）による化学結合の電子的解釈に始まり，C. K. インゴルド

（C. K. Ingold　1893-1970）による概念的な整理，体系化で完成した．

四元素説　アリストテレスが提唱した「火」，「土」，「水」，「空気」を元素とする説．

理想気体　現実の気体が示す性質を抽象化し，分子間に相互作用が働かず，ボイル-シャルルの法則に従うとした仮想的な気体．完全気体ともいう．

粒子説　不可分割の原子と違って，粒子はいくらでも細分化できる．錬金術を念頭に置くと，化学的な変化を説明するには原子よりも粒子のほうが便利である．ボイルやニュートンも，粒子の集合状態の違いで多様な性質が生じると考えた．

レトロ合成（逆合成）解析　標的化合物の直近の前駆体は何かを考えて適切な前駆体を決定し，この操作を出発物質にたどり着くまで繰り返す．天然物など複雑な構造の化合物を合成する際に利用される分析法．E. J. コーリーが開発した．

錬金術　古代には金属精錬に関する冶金技術を意味したが，中世ヨーロッパではアラビアやスコラ自然学の影響下，化学的手段を用いて非金属を貴金属に変換する試みが形而上学的思弁や詭弁と結びつき，錬金術と総称される混沌とした知識や実践を生みだした．

論理実証主義　第一次世界大戦後にウィーンとベルリンで誕生した科学哲学の一派．形而上学を否定し知識の基礎を経験に求める．実証主義を徹底し，科学で用いられる言語の論理的な分析を目指した．

人物紹介

アウグスチヌス Aurelius Augustinus（354-430） ローマ帝国時代のカトリックの教父.
新プラトン主義哲学の影響下, 異端, 異教との論争を通じてキリスト教神学の基礎を築いた.

アリストテレス Aristoteles（前 384-322） プラトンに師事し, 四元素説を提唱した. プラトンのイデア説には批判的で, 実在は個物にありと主張し, 自然学の基礎を築いた. 論理学, 形而上学, 自然学, 倫理学など多方面に業績がある.

ヴィスリツェーヌス Johannes Wislicenus（1835-1902） ドイツの化学者. 乳酸やその異性体の研究を行い, 幾何異性の概念を提唱. ファント・ホッフが炭素四面体仮説を提唱するきっかけになった.

ウィリアムソン Alexander William Williamson（1824-1904） ハロゲン化アルキルとナトリウムアルコキシドからエーテルを合成するウィリアムソン反応を発見した.

ウッドワード Robert Burns Woodward（1917-1979） アメリカの有機化学者. キニーネ, クロロフィル, ビタミン B_{12} などの全合成を成し遂げ, 1965 年にノーベル化学賞受賞. 立体選択性に関する知見を分子軌道の対称性で説明するウッドワード-ホフマン則をロアルド・ホフマンとともに導いた.

ウルツ Charles Adolphe Wurz（1817-1884） フランスの化学者. 根の単離を目指す研究の過程で, ハロゲン化アルキルに金属ナトリウムを作用させて二量化生成物を得るウルツ反応を発見.

エンペドクレス Empedkles（前 492?-432） 無からの生成や無への消滅を否定し, 変化の原因として四元素を唱えた.

カートライト Nancy Cartwright（1944-） アメリカの科学哲学者. 実体実在論の代表的論客.

カニッツアーロ Stanislao Cannizzaro（1826-1910） イタリアの化学者. アボガドロの仮説を立証して, 原子量, 分子量の決定方法を確立した.

カルノー Nicolas Leonard Said Carnot（1796-1832） フランスの軍関係の技術者. 状態量や絶対温度の概念がない時代に, 仮想的な熱素を用いて熱機関の熱効率が最大になる可逆的な理想サイクル「カルノーサイクル」を提唱した.

カント Immanuel Kant（1724-1804） ドイツの哲学者. 理性は知識の形式を, 経験は知識の素材を与えると考えて合理論と経験論を統合. 著書として『純粋理性批判』（1781）,『実践理性批判』（1788）,『判断力批判』（1790）が有名. なお『純粋理性批判』からの引用は, 慣例に従って初版はページ番号の前に A を, 第 2 版は B をつけて示す.

ギトン・ド・モルヴォー Louis-Bernard Guyton de Morveau（1737-1816） フランスの化学者. 独学で化学を学び, 化合物の命名法に興味をもつ. ラヴォアジェと出会ってフロギストン説から反フロギストン説に転向した.

クラム・ブラウン Alexander Crum-Brown（1838-1922） イギリスの化学者. ベンゼン環に置換基を導入する際にすでに存在する置換基の影響を受けるとするクラム・ブラウン則が有名.

クールソン Charles Alfred Coulson（1910-1974） イギリスの理論化学者. 分子軌道法

に基づく π 電子系の結合次数の計算方法などを定式化．反応性の定量的な議論に分子軌道法が有効なことを示した．

ケクレ Friedrich August Kekulé von Stradonitz（1829-1896）　ドイツの化学者．炭素化合物の分子構造を解明して，古典的有機分子構造論の基礎を築いた．ベンゼンの C=C 結合を含む六角形構造が有名．

ゲラール Charles Frédéric Gerhardt（1816-1856）　フランスの化学者．化学的性質が類似する有機化合物において，炭素原子と水素原子の数によって沸点が規則的に上昇することに気づき，$(CH_2)_n$ を基礎として有機化合物を分類することを試みた．

コペルニクス Nicolaus Copernicus（1473-1543）　ポーランド出身の天文学者．1530 年に地動説を説いた『天球の回転について』を著すが，教会の迫害を恐れて死の直前まで公刊しなかった．

コーリー Elias James Corey（1928-）　アメリカの有機化学者．ハーバード大学名誉教授．逆合成解析の開発など合成化学への貢献で 1990 年にノーベル化学賞受賞．

コルベ Adolph Wilhelm Herman Kolbe（1818-1884）　ドイツの化学者．脂肪酸の塩類水溶液の電解により炭化水素を得るコルベ電解法を考案した．

セラーズ Wilfrid Stalker Sellers（1912-1989）　アメリカの哲学者．

ソクラテス Socrates（前 469?-399）　ギリシアの哲学者．対話によって普遍的な真理を目指す方法論が特徴．観念弁証法の始祖．彼の言葉はプラトンとクセノポン（Xenophon 前 427?-355?）の著述を通して後世に伝わる．

デイヴィー Humphry Davy（1778-1829）　イギリス王立研究所教授．職業科学者の先駆け．製本屋の若き徒弟だったファラデーを見いだす．アルカリ溶融塩の電気分解でナトリウムやカリウムを単離した．

デカルト René Descartes（1596-1650）　フランスの哲学者，数学者．解析学による諸学問の統一を目指した．数学的真理をも疑う懐疑の根底に自己の存在を発見し，これを哲学の第一原理とした．『方法序説』（1637），『省察』（1641）などで論じられた懐疑の方法がヨーロッパ哲学の基礎になった．

デュマ Jean Baptiste André Dumas（1800-1884）　フランスの化学者．蒸気密度測定法や有機化合物の窒素定量法を考案した．

ドルトン John Dalton（1766-1844）　イギリスの物理学者，化学者．質量保存の法則や定比例の法則を説明するために提唱した化学的原子説（1803 年頃）が有名．

ニュートン Sir Isaac Newton（1642-1727）　イギリスの自然哲学者（いまでいえば物理学者，数学者）．光の分析，万有引力の発見，微積分法の開拓などが有名．『自然哲学の数学的諸原理（プリンキピア）』（1687），『光学』（1704）で古典力学を完成させた．

ハイデガー Martin Heidegger（1889-1976）　ドイツの実存主義哲学者．20 世紀最大の哲学者の一人．

バスカー Roy Bhaskar（1944-2014）　イギリスの科学哲学者で批判的実在論の創始者．

パスツール Louis Pasteur（1822-1895）　フランスの化学者，細菌学者．対称性の異なる 2 種類の酒石酸ナトリウム・アンモニウム塩（ラセミ酸）の結晶を手作業で分割し，光学異性体を発見．この塩は 28 ℃ 以上で結晶化すると，対称性の異なる別々の結晶にならず，一つの対称な結晶になることが知られている．また後に生命の自然発生説を否定した．「幸運は準備のできた頭脳を好む」という言葉を残した．

ハッキング Ian Hacking（1936-） カナダの科学哲学者. 介入実在論を提唱.

ハートレー Douglas Rayner Hartree（1897-1958） イギリスの数学者, 物理学者. 数値解析法を発展させた. 原子内の電子の分布を表すハートレー方程式を導き, 自己無撞着場の解法を考案した.

ヒューエル William Whewell（1794-1866） イギリスの哲学者. ケンブリッジ大学で哲学, 物理学, 数学の教授を務める. 帰納法の研究で哲学者 J. S. ミル（J. S. Mill 1806-1873）に影響を及ぼし, 科学論ではプラグマティズムの先駆けとなった.

ビュッフォン Georges-Louis Leclerc, Comte de Buffon（1707-1788） フランスの数学者, 博物学者. 『一般と個物の自然誌』（1749-1778）が有名.

ヒューム David Hume（1711-1776） ニュートン自然哲学の実験的方法を人間に応用し人間の自然本性を研究. 体系的人間学を構築して『人性論』を著す. 一切の観念の根源を感覚知覚に求め, 自我は「知覚の束」にすぎないと考えた. 事実的知識は蓋然的で因果の必然的結合は保証されないと主張.

ファラデー Michael Faraday（1791-1867） イギリスの化学者, 物理学者. 電気分解の法則や電磁誘導などの定理や法則を発見した.

ファント・ホッフ Jacobus Henricus van't Hoff（1852-1911） オランダの化学者. 炭素原子の正四面体構造によって光学異性を説明し, 立体化学の基礎を築いた. その後は熱力学や反応速度論など化学熱力学の発展に貢献した.

ファン・フラーセン Bastiaan Cornelis van Fraassen（1941-） オランダ生まれのアメリカの科学哲学者. プリンストン大学教授. 経験論の代表的論客.

プトレマイオス Klaudios Ptolemaios（83?-168?） 西暦 130 年頃エジプトのアレキサンドリアで活躍した天文学者. 地球を中心に, 他の天体が周回しているとする天動説を『天文学集大成』（アルマゲスト）のなかに記した.

ブートレロフ Mikhailovich Aleksandr Butlerov（1828-1886） ロシアの化学者. ケクレとは別に分子構造の理論を確立し, 互変異性に関する先駆的な研究を行った.

プラトン Platon（前 427-347） 「西洋哲学はプラトンの注釈」といわれるほど西洋哲学に多大な影響を及ぼした. 前 387 年頃アテネ近郊にアカデメイア（大学の原型）を設立し, 哲学を研究. 最高知は感覚的な知覚知ではなく純粋な理性的直覚であるという.

フランクランド Sir Edward Frankland（1825-1899） イギリスの化学者. 有機金属化合物を発見し, 原子価概念を提唱した.

ブンゼン Robert Wilhelm Bunsen（1811-1899） ドイツの化学者. 分光分析法を確立し, ルビジウムとセシウムを発見. ブンゼンバーナーのほか, アーク照明や分子量測定装置, 氷熱量計なども開発した.

ベーコン Francis Bacon（1561-1626） イギリスの哲学者, 政治家, 著述家. 科学知識による自然の制御を唱える. 実験と観察に基づく科学的方法を開拓した.

ベルセリウス Jöns Jacob Berzelius（1779-1848） スウェーデンの化学者. セレン, トリウム, セリウムを発見し, タンタル, ケイ素, ジルコニウムの単離に成功した.

ベルテロー Pierre Eugine Marcellin Berthelot（1827-1907） フランスの化学者. 有機合成の先駆者の一人. 化学史研究でも業績がある.

ボイル Sir Robert Boyle（1627-1691） イギリスの自然哲学者（いまでいえば物理学者, 化学者）. 経験主義の立場から実験的方法の意義を強調, 錬金術や生気論を批判した. ボ

イルの法則（1662）を発見.

ホフマン August Wilhelm von Hofmann（1818-1892） ドイツの化学者. アニリンを中心に研究を行い，フクシン（マゼンタ）など一連の染料を合成，染料化学の隆盛を導く.

ポーリング Linus Carl Pauling（1901-1994） アメリカの化学者. 量子力学を化学に応用. 化学結合の本質を解明し，1954年にノーベル化学賞受賞. 1962年には平和賞も受賞. 『化学結合論』（1939 邦訳は1942）など.

ボルタ Alessandro Giuseppe Antonio Anastasio Volta（1745-1827） イタリアの物理学者. 静電気に関する研究で，電気盆，蓄電器，検電器などを発明. 電位の単位 V は彼の名に由来する.

ホワイトヘッド Alfred North Whitehead（1861-1947） イギリスの数学者，哲学者. "Process and Philosophy" を著し，世界を構成する実在は物質的実体ではなく現実的機会 a series of events であると主張した.

マイヤー Julius Lothar Meyer（1830-1895） ドイツの化学者. メンデレーエフとは別に独自の元素周期表を作成した.

マラー Jean-Paul Marat（1743-1793） フランス革命の指導者の1人. ジャコバン派. 敵対するジロンド派の支持者に暗殺された.

メンデレーエフ Dmitri Ivanovich Mendeleev（1834-1907） ロシアの化学者. 元素を原子量の順に並べると，それぞれの元素の性質に周期性が見られることを発見し，1869年に元素の周期律を提唱した.

ラッセル Bertrand Russel（1872-1979） イギリスの論理学者，哲学者. ホワイトヘッドと『プリンキピア・マテマティカ』を著し，数学の論理学からの導出に成功. 記号論理学を発展させた.

ラーデンブルク Albert Ladenburg（1842-1911） ドイツの化学者.

ラヴォアジェ Antoine Laurent de Lavoisier（1743-1794） フランスの化学者. パリを悩ます臭気の研究から燃焼が酸素との化合であることを発見し，フロギストン説を否定した. 実験に基づく近代化学の扉を開くも，フランス革命で断頭台の露と消えた.

リービッヒ Justus von Liebig（1803-1873） ドイツの化学者. 有機化合物の定量分析法，いわゆる元素分析法を考案した.

リンネ Carl von Linné（1707-1778） スウェーデンの博物学者. 雌雄蕊分類法による植物の分類法を提唱し，生物を属名と種名で表す二命名法を確立した. キャプテン・クック（J. Cook 1728-1779）の第一次世界周航探検に同行したバンクス（J. Banks 1743-1820）は彼の協力者の一人.

ル・ベル Joseph Achille Le Bel（1847-1930） フランスの化学者. パスツールによる酒石酸結晶の光学分割を受け，結晶構造と光学活性の関係に注目. ウルツの研究室で同僚だったファント・ホッフとは独立に分子の対称性と光学異性の関係を解明した.

ロシュミット Johann Josef Loschmidt（1821-1895） オーストリアの化学者，物理学者.

ロック John Locke（1632-1704） デカルトの生得的な観念に反対し，人間の心は生まれたときは白紙の状態で，経験のみが知識の拠り所と主張して，経験論の基礎を築いた. 第一性質，第二性質の区別を唱えた. 経験論の立場から人間発達の可能性を説き，政治的自由と権利を擁護し，フランス革命やアメリカ建国にも影響を及ぼす.

出典・参考文献

はじめに
1) W. Sellars, "Science, Perception and Reality," Ridgeview Publishing, California (1991).

第 1 章
1) M. Berthelot, "La Synthese Chimique," Germer Bailliere, Paris (1876).
2) P. J. Ramberg, "Chemical Structure, Spatial Arrangement," Ashgate, Burlington (2003).
3) J. M. Zuo et al., *Nature*, 401, 49 (1999).

第 2 章
1) J. M. Zuo et al., *Nature*, 401, 49 (1999).
2) P. W. Atkins, "Concepts in Physical Chemistry," Oxford University Press, Oxford (1995). 邦訳：千原秀昭 訳,『物理化学小辞典』, 東京化学同人 (1999).
3) たとえば M. J. S. Dewar, "The Molecular Orbital Theory of Organic Chemistry," McGraw-Hill, New York (1969). 邦訳：千原秀昭 訳,『有機化学のための分子軌道法』, 東京化学同人 (1971).
4) 落合洋文,「化学者のための哲学」, 化学, 2018 年 1 月号〜2019 年 12 月号.

第 3 章
1) 落合洋文,『科学はいかにつくられたか』, ナカニシヤ出版 (2003).
2) G. Buchdahl, "Metaphysics and the Philosophy of Science," Basil Blackwell, Oxford (1969).
3) H. Ochiai, *Found. Chem.*, 22, 77 (2020).
4) M. Friedman, "Kant's Construction of Nature," Cambridge University Press, Cambridge (2013).

第 4 章
1) 以下を参考にした.
A. J. Rocke, "Chemical Atomism in the Nineteenth Century," Ohio State University Press, Columbus (1984).
A. J. Rocke, "The Quiet Revolution: Hermann Kolbe and the Science of Organic Chemistry," University of California Press, Los Angeles (1993).
A. J. Rocke, "Nationalizing Science: Adolphe Wurz and the Battle for French Chemistry," MIT Press, Cambridge (2001).
A. J. Ihde, "The Development of Modern Chemistry," Dover Publications (1984).
C. H. Langford, R. A. Beebe, "The Development of Chemical Principles," Addison-Wesley Pub. Co. (1969).
P. J. Ramberg, "Chemical Structure, Spatial Arrangement," Ashgate, Burlington (2003).
2) A. Lavoisier, "Elements of Chemistry," Dover Publications, Inc., New York (1965).

第 5 章
1) W. H. Brock, "The Fontana History of Chemistry," HarperCollins Publishers Ltd. (1992). 邦訳：大野　誠, 梅田　淳, 菊池好行 訳,『化学の歴史 I 』, 朝倉書店 (2003).
2) B. Bensaude-Vincent, J. Simon, "Chemistry: The Impure Science, 2nd ed.," Imperial College Press, London (2012).
3) たとえば A. Borghini, "A Critical Introduction to the Metaphysics of Modality,"

Bloomsbury, London（2016）.

第 6 章

1）R. F. W. Bader, "Atoms in Molecules," Clarendon Press, Oxford（2003）.

2）P. G. Parr, W. Yang, "Density-Functional Theory of Atoms and Molecules," Clarendon Press, Oxford（1994）.

3）C. A. Russell, "The History of Valence," Humanities Press, New York（1971）.

4）P. J. Ramberg, "Chemical Structure, Spatial Arrangement," Ashgate, Burlington（2003）.

5）詳細は，たとえば次の文献を参照いただきたい．
A. J. Rocke, "Chemical Atomism in the Nineteenth Century," Ohio State University Press, Columbus（1984）.

6）A. J. Rocke, "The Quiet Revolution: Hermann Kolbe and the Science of Organic Chemistry," University of California Press, Los Angeles（1993）.

7）A. J. Rocke, "Nationalizing Science: Adolphe Wurz and the Battle for French Chemistry," MIT Press, Cambridge（2001）.

第 7 章

1）I. Kant（trans., ed., P. Guyer, A. W. Wood）, "The Critique of Pure Reason," Cambridge University Press, Cambridge（2018）.

2）E. Frankland, *J. Chem. Soc.*, 19, 377（1866）.

3）C. A. Russell, "The History of Valence," Humanities Press, New York（1971）より（著者訳）.

4）E. J. Corey, X-M. Cheng, "The Logic of Chemical Synthesis," John Wiley & Sons, New York（1989）.

5）K. J. Laidler, "The World of Physical Chemistry," Oxford University Press, Oxford（2001）.

6）M. J. S. Dewar, "The Molecular Orbital Theory of Organic Chemistry," McGraw-Hill, New York（1969）. 邦訳：千原秀昭 訳，『有機化学のための分子軌道法』，東京化学同人（1971）.

7）H. Ochiai, "A Philosophical Essay on Molecular Structure," Cambridge Scholars Publishing, Newcastle upon Tyne（2021）.

第 8 章

1）M. Mandelbaum, "Science, and Sense Perception," The Johns Hopkins University Press, Baltimore（1966）.

2）A. J. Rocke, "The Quiet Revolution: Hermann Kolbe and the Science of Organic Chemistry," University of California Press, Los Angeles（1993）.

3）P. J. Ramberg, "Chemical Structure, Spatial Arrangement," Ashgate, Burlington（2003）より（著者訳）.

第 9 章

1）C. A. Coulson, "Valence," Clarendon Press, Oxford（1953）. 邦訳：関　集三, 千原秀昭, 鈴木啓介 訳，『化学結合論』，岩波書店（1979）.

2）R. G. Woolley, *J. Am. Chem. Soc.*, 100, 1073（1978）.

第 10 章

1）*Nature*, 401, 1999 年 9 月 2 日号．

2）J. M. Zuo et al., *Nature*, 401, 49（1999）.

3）E. R. Scerri, "Collected Papers on Philosophy of Chemistry," Imperial College Press, London（2008）．．

4）M. J. S. Dewar, "The Molecular Orbital Theory of Organic Chemistry," McGraw-Hill, New York（1969）．邦訳：千原秀昭 訳，『有機化学のための分子軌道法』，東京化学同人（1971）．

第11章

1）P. A. M. Dirac, 'Quantum mechanics of many-electron systems,' *Proc. R. Soc. Lond.*, 123, 714（1929）．

2）R. F. W. Bader, "Atoms in Molecules," Clarendon Press, Oxford（2003）．

3）P. G. Parr, W. Yang, "Density-Functional Theory of Atoms and Molecules," Oxford University Press, New York, Oxford（1994）．

第12章

1）たとえば次の文献とその引用文献を参照いただきたい．

A. Kovacs, 'Gender in the substance of chemistry, Part 1: The ideal gas,' *Hyle*, 18, 95（2012）．

第13章

1）A. Corbin, "Le Miasme et la Jonquille," Aubier-Montaigne（1982）．邦訳：山田登世子，鹿島 茂 訳，『においの歴史』，藤原書店（1993）．

2）落合洋文，『科学はいかにつくられたか』，ナカニシヤ出版（2003）．

3）たとえば H. Ochiai, *Found. Chem.*, 19, 197（2017）．

H. Ochiai, *Found. Chem.*, 22, 77（2020）．

H. Ochiai, *Found. Chem.*, 22, 457（2020）．

4）S. Okasha, "Philosophy of Science: A very short introduction," Oxford University Press, Oxford（2002）．

第14章

1）B. C. van Fraassen, "The Scientific Image," Clarendon Press, Oxford（2011）．

2）P. M. Churchland, C. A. Hooker, "Images of Science," The University of Chicago Press, Chicago（1985）．

第15章

1）N. Cartwright, "How the Laws of Physics Lie," Clarendon Press, Oxford（Reprinted 2002）．

2）H.Ochiai, *Found. Chem.*, Published online: 13, March 2023.

3）R. Bhaskar, "A Realist Theory of Science," Routledge, New York（2008）．

4）たとえば次の文献を参照いただきたい．

R. N. Giere, "Explaining Science," The University Chicago Press, Chicago（1990）．

5）I. Hacking, "Representing and Intervening, 22nd ed.," Cambridge University Press, Cambridge（2008）．

第16章

1）I. Kant（trans., ed., P. Guyer, A. W. Wood）, "The Critique of Pure Reason," Cambridge University Press, Cambridge（2018）．

2）H. Ochiai, *Found. Chem.*, 25, 141（2023）．

第17章

1）I. Kant（trans., ed., G. Hatfield）, "Prolegomena to Any Future Metaphysics,"

Cambridge University Press, Cambridge（2004）, 4: 285-6.

2）落合洋文，『科学はいかにつくられたか』，ナカニシヤ出版（2003）.

3）たとえば D. Gooding, "Experiment and the Making of Meaning," Kluwer Academic Publishers, Dordrecht（1990）.

4）H. Ochiai, *Found. Chem.*, Published online: 13, March 2023.

第 18 章

1）R. Harré, *Hyle*, 20, 77（2014）.

2）R. Harré, J.-P. Llored, *Philosophy*, 93, 167（2018）.

3）H. Ochiai, *Found. Chem.*, 22, 77（2020）.

4）B. Russell, "Human Knowledge; Its Scope and Limits," Routledge, London（2009）.

5）C. R. Mesle, "Process-Related Philosophy: An Introduction to Alfred North White-head," Templeton Press, Conshohocken（2008）.

第 19 章

1）F. Wallner（ed., F. Wallner, G. Klünger）, "Constructive Realism: Philosophy, Science, and Medicine," Verlag Traugott Bautz GmbH, Nordhausen（2016）.

2）H. Ochiai, *Found. Chem.*, 22, 457（2020）.

索　引

■著者紹介

落合　洋文（おちあい　ひろふみ）

名古屋文理大学基礎教育センター教授．1987年京都大学大学院工学研究科博士後期課程修了，工学博士．専門は合成化学，化学哲学．台糖ファイザー（現ファイザー）中央研究所，名古屋大学情報文化学部講師を経て現職．著書に『科学はいかにつくられたか』ナカニシヤ出版（2003），『実験室の幸福論』同（2005），『サイエンス・ライティング入門』同（2007），"A Philosophical Essay on Molecular Structure," Cambridge Scholars Publishing（2021）ほか．

本文イラスト　緒方祥子

哲学は化学を挑発する——化学哲学入門

2023年8月20日　第1刷　発行

著　者　落合　洋文
発行者　曽根　良介
発行所　㈱化学同人

〒600-8074　京都市下京区仏光寺通柳馬場西入ル

検印廃止

編集部　TEL 075-352-3711　FAX 075-352-0371
営業部　TEL 075-352-3373　FAX 075-351-8301
振替　01010-7-5702

e-mail　webmaster@kagakudojin.co.jp
URL　https://www.kagakudojin.co.jp

印刷・製本　日本ハイコム㈱

本書のご感想を
お寄せください